建筑与市政工程施工现场专业人员职业标准培训教材

施工员岗位知识与专业技能
（设备方向）

建筑与市政工程施工现场专业人员职业标准培训教材编审委员会
中国建设教育协会　　　　　　组织编写
钱大治　主编
刘尧增　郑华孚　副主编

中国建筑工业出版社

图书在版编目（CIP）数据

施工员岗位知识与专业技能（设备方向）/钱大治主编．—北京：中国建筑工业出版社，2014.7
建筑与市政工程施工现场专业人员职业标准培训教材
ISBN 978-7-112-16830-9

Ⅰ.①施… Ⅱ.①钱… Ⅲ.①建筑工程-设备管理-职业培训-教材 Ⅳ.①TU7

中国版本图书馆CIP数据核字（2014）第095761号

本书是建筑与市政工程施工现场专业人员中设备安装施工员的岗位培训教材之一，内容有岗位知识和专业技能两个部分。

岗位知识部分：阐述建筑设备安装相关的管理规定和标准，说明施工组织设计及专项施工方案的内容和编制方法，施工进度计划的编制方法，介绍在施工管理中经常应用的安全管理、质量管理、成本管理等基本知识，同时对房屋建筑设备安装工程中常用的施工机械和机具性能与选用原则做简要说明。通过学习，促使学习者在施工管理知识方面有所提升，以利实践中应用。

专业技能部分：先分析技能特征，然后用案例来介绍实践中应怎样处理施工中遇到的各类问题，其主要表现在编制施工组织设计和专项施工方案、施工图识读、实施技术交底、施工测量检测、施工区段和施工顺序划分、进度计划实施和资源平衡调度、工程计价、质量控制、安全控制和施工记录填写等十个方面。通过学习，可身临其境进行分析判断，以提高专业技能。

责任编辑：朱首明　李　明　张　健
责任设计：李志立
责任校对：李美娜　党　蕾

建筑与市政工程施工现场专业人员职业标准培训教材
施工员岗位知识与专业技能
（设备方向）
建筑与市政工程施工现场专业人员职业标准培训教材编审委员会　组织编写
中国建设教育协会
钱大治　主编
刘尧增　郑华孚　副主编

*

中国建筑工业出版社出版、发行（北京西郊百万庄）
各地新华书店、建筑书店经销
北京科地亚盟排版公司制版
北京圣夫亚美印刷有限公司印刷

*

开本：787×1092毫米　1/16　印张：11¼　字数：280千字
2014年7月第一版　2015年10月第四次印刷
定价：30.00元
ISBN 978-7-112-16830-9
（25616）

版权所有　翻印必究
如有印装质量问题，可寄本社退换
（邮政编码　100037）

建筑与市政工程施工现场专业人员职业标准培训教材编审委员会

主　任：赵　琦　李竹成

副主任：沈元勤　张鲁风　何志方　胡兴福　危道军
　　　　尤　完　赵　研　邵　华

委　员：（按姓氏笔画为序）

王兰英　王国梁　孔庆璐　邓明胜　艾永祥
艾伟杰　吕国辉　朱吉顶　刘尧增　刘哲生
孙沛平　李　平　李　光　李　奇　李　健
李大伟　杨　苗　时　炜　余　萍　沈　汛
宋岩丽　张　晶　张　颖　张亚庆　张燕娜
张晓艳　张悠荣　陈　曦　陈再杰　金　虹
郑华孚　胡晓光　侯洪涛　贾宏俊　钱大治
徐家华　郭庆阳　韩炳甲　鲁　麟　魏鸿汉

出 版 说 明

建筑与市政工程施工现场专业人员队伍素质是影响工程质量和安全生产的关键因素。我国从20世纪80年代开始，在建设行业开展关键岗位培训考核和持证上岗工作。对于提高建设行业从业人员的素质起到了积极的作用。进入21世纪，在改革行政审批制度和转变政府职能的背景下，建设行业教育主管部门转变行业人才工作思路，积极规划和组织职业标准的研发。在住房和城乡建设部人事司的主持下，由中国建设教育协会、苏州二建建筑集团有限公司等单位主编了建设行业的第一部职业标准——《建筑与市政工程施工现场专业人员职业标准》，已由住房和城乡建设部发布，作为行业标准于2012年1月1日起实施。为推动该标准的贯彻落实，进一步编写了配套的14个考核评价大纲。

该职业标准及考核评价大纲有以下特点：(1) 系统分析各类建筑施工企业现场专业人员岗位设置情况，总结归纳了8个岗位专业人员核心工作职责，这些职业分类和岗位职责具有普遍性、通用性。(2) 突出职业能力本位原则，工作岗位职责与专业技能相互对应，通过技能训练能够提高专业人员的岗位履职能力。(3) 注重专业知识的完整性、系统性，基本覆盖各岗位专业人员的知识要求，通用知识具有各岗位的一致性，基础知识、岗位知识能够体现本岗位的知识结构要求。(4) 适应行业发展和行业管理的现实需要，岗位设置、专业技能和专业知识要求具有一定的前瞻性、引导性，能够满足专业人员提高综合素质和适应岗位变化的需要。

为落实职业标准，规范建设行业现场专业人员岗位培训工作，我们依据与职业标准相配套的考核评价大纲，组织编写了《建筑与市政工程施工现场专业人员职业标准培训教材》。

本套教材覆盖《建筑与市政工程施工现场专业人员职业标准》涉及的施工员、质量员、安全员、标准员、材料员、机械员、劳务员、资料员8个岗位14个考核评价大纲。每个岗位、专业，根据其职业工作的需要，注意精选教学内容、优化知识结构、突出能力要求，对知识、技能经过合理归纳，编写为《通用与基础知识》和《岗位知识与专业技能》两本，供培训配套使用。本套教材共29本，作者基本都参与了《建筑与市政工程施工现场专业人员职业标准》的编写，使本套教材的内容能充分体现《建筑与市政工程施工现场专业人员职业标准》，促进现场专业人员专业学习和能力提高的要求。

作为行业现场专业人员第一个职业标准贯彻实施的配套教材，我们的编写工作难免存在不足，因此，我们恳请使用本套教材的培训机构、教师和广大学员多提宝贵意见，以便进一步的修订，使其不断完善。

建筑与市政工程施工现场专业人员职业标准培训教材编审委员会

前　言

本教材依据《建筑与市政工程施工现场专业人员职业标准》JGJ/T 250—2011 及与其配套的《建筑与市政工程施工现场专业人员考核评价大纲》编写。

在编写时结合实际需要及现实情况对考核评价大纲的内容作适当的突破，因而教材编写的范围做了少许的扩大，待试用中给以鉴别。

考核评价大纲的体例有所创新，将知识和能力分解成四大部分，而房屋建筑安装工程的三大专业即给水排水专业、建筑电气专业、通风与空调专业的培训教材历来是各专业纵向自成体系，这次要拆解成横向联合嵌入四大部分中，给编写工作带来难度，表现为分解得是否合理，编排上是否零乱，衔接关系是否能呼应，这些我们也是在尝试中，再加上水平有限，难免有较多的瑕疵出现，请使用教材者多提意见，使其不断得到改进。

教材完稿后，由编审小组召集傅慈英、翁祝梅、余鸿雁、盛丽、石修仁等业内专家进行审查，审查认为符合"标准"和"大纲"的要求，将提出的意见进行修改后，可以付诸试用。

教材编写过程中，得到了浙江省建设厅人教处郭丽华、章凌云、王战等同志的大力支持、帮助和指导，谨此表示感谢。

目 录

上篇　岗位知识

一、设备安装相关的管理规定和标准 ··· 1
　（一）施工现场安全生产管理 ·· 1
　（二）质量管理的有关规定 ·· 3
　（三）安装工程施工质量验收标准和规范 ··· 6
　（四）建筑设备安装工程的管理规定 ·· 9
二、施工组织设计和施工方案 ·· 22
　（一）施工组织设计编制 ··· 22
　（二）施工方案编制要点 ··· 24
三、施工进度计划 ··· 27
　（一）进度计划的类别及作用 ··· 27
　（二）施工进度计划表达方法 ··· 28
　（三）施工进度的检查与调整 ··· 32
四、环境与职业健康安全管理 ·· 36
　（一）概述 ··· 36
　（二）文明施工和环境保护 ··· 38
　（三）危险源识别和应急预案 ··· 39
　（四）安全事故的分类和处理 ··· 42
五、工程质量管理 ··· 47
　（一）概述 ··· 47
　（二）施工质量控制 ·· 50
　（三）质量问题及处理 ·· 54
六、成本管理基本知识 ··· 56
　（一）成本构成与工程造价 ··· 56
　（二）成本的控制 ·· 58
七、常用的施工机具 ··· 61
　（一）垂直运输常用机械 ··· 61

（二）常用的施工机械 ··· 68

下篇　专业技能

八、编制施工组织设计和施工方案 ··· 93
　（一）技能简介 ·· 93
　（二）案例分析 ·· 94
九、施工图识读 ·· 101
　（一）技能简介 ·· 101
　（二）案例分析 ·· 103
十、技术交底的实施 ·· 112
　（一）技能简介 ·· 112
　（二）案例分析 ·· 113
十一、施工测量 ·· 120
　（一）技能简介 ·· 120
　（二）案例分析 ·· 121
十二、施工区段和施工顺序划分 ··· 128
　（一）技能简介 ·· 128
　（二）典型施工顺序介绍 ·· 129
十三、进度计划与资源平衡 ··· 133
　（一）技能简介 ·· 133
　（二）案例分析 ·· 134
十四、工程计价 ·· 140
　（一）技能简介 ·· 140
　（二）案例分析 ·· 141
十五、质量控制 ·· 144
　（一）技能简介 ·· 144
　（二）案例分析 ·· 145
十六、安全控制 ·· 151
　（一）技能简介 ·· 151
　（二）案例分析 ·· 161
十七、施工记录 ·· 166
　（一）技能简介 ·· 166
　（二）案例分析 ·· 168
参考文献 ·· 171

上篇　岗位知识

一、设备安装相关的管理规定和标准

本章对相关法律法规和标准的规定，如何在施工现场具体落实进行介绍，主要是在安全、质量及工程验收及设备安装特有的规定等四个方面。

（一）施工现场安全生产管理

本节对施工现场的安全生产管理要点和文明施工现场的要点做简明介绍，通过学习可以增强安全施工、文明施工的意识。

1. 施工作业人员安全生产权利和义务

施工作业人员是施工作业活动的重要主体，通过他们的作业形成工程实体，因而如发生安全事故受到伤害的绝大部分是施工作业人员，所以必须使施工作业人员明确在施工活动中安全生产的权利和义务。

（1）作业人员的权利

1）有权获得安全防护用具和安全防护服装。

2）有权知晓危险岗位的操作规程和违章操作的危害。

3）作业人员有权对施工现场的作业条件、作业程序和作业方式中存在的安全问题提出批评、检举和控告。

4）有权拒绝违章指挥和强令冒险作业。

5）在施工中发生危及人身安全的紧急情况时，作业人员有权立即停止作业或者采取必要的应急措施后撤离危险区域。

（2）作业人员的义务

1）应当遵守安全施工的强制性标准。

2）应当遵守安全规章制度和操作规程。

3）正确使用安全防护用具和用品。

4）正确使用施工机械设备。

5）认真接受安全教育培训。

2. 安全技术措施

（1）安全技术措施费用的使用

1）安全措施的费用应当用于安全防护用具、用品及设施的采购和更新。

2）安全措施的费用应当用于安全施工措施的落实、安全生产条件的改善。

3）安全措施费用不得挪作他用。

（2）施工单位应当根据不同施工阶段、不同季节、气候变化等环境条件的变化，编制施工现场的安全措施

如施工现场暂时停止施工的，应当做好现场的防护。

（3）施工现场平面布置的安全措施

1）施工现场的办公、生活区与作业区分开设置，并保持规定的安全距离。

2）生活区的选址应符合安全性要求。

3）不得在未竣工的建筑物内设置员工的宿舍。

4）施工现场使用的装配式活动房屋应当具有合格证。

5）对工程建设中可能造成损害的毗邻建筑物、构筑物和地下管线，应有专项防护措施。

6）要采取防护措施，防止或者减少粉尘、废气、废水、固定废物、噪声、振动和施工照明对人的危害或对环境的污染。

7）在城市市区内的施工现场应实行封闭围档。

8）施工现场应设置符合规定的消防通道，配备消防设施和灭火器材。

9）施工现场的临时用电方案或施工图纸要经工程所在地供电部门确认，或按规定经审核批准的临时用电设计图纸进行实施，临时用电设施要经验收合格后才能投入使用，使用中有持证合格的电工进行维护。

（4）房屋建筑安装工程施工安全措施的主要关注点

1）高空作业。

2）施工机械操作。

3）起重吊装作业。

4）动用明火作业。

5）在密闭容器内作业。

6）带电调试作业。

7）管道及设备试压试验。

8）单机试运转和联合试运行。

3. 专项施工方案制定的规定

（1）对危险性较大的分部分项工程要编制专项施工方案。

（2）编制专项施工方案的工程有：

1）基坑支护与降水工程。

2）土方开挖工程。

3）模板工程。

4）起重吊装工程。
5）脚手架工程。
6）拆除爆破工程。
7）其他危险性较大的工程。
（3）专项施工方案的编审和实施
1）专项施工方案的编制要附有安全验算的结果。
2）专项施工方案编制后要经施工单位技术负责人、总监理工程师签字确认后实施。
3）实施中由施工单位专职安全生产管理人员进行现场监督。
4）工程中涉及深坑、地下暗挖工程、高大模板工程等的专项施工方案，施工单位还应当组织专家进行论证和审查。

4. 安全技术交底

（1）工程施工前，负责项目管理的技术人员应当对有关安全施工的技术要求向施工作业班组、作业人员作出详细说明，并有书面资料。
（2）交底形式可以座谈交流、书面告知、模拟演练、样板示范等，以达到交底清楚、措施可靠、有操作性、能排除安全隐患的最终目的。
（3）交底后交底人与被交底人双方签字确认，并归档。

5. 危险性较大的分部分项工程的安全管理

（1）有专项的施工方案。
（2）施工方案经审查批准或论证。
（3）有发生事故的应急预案。
（4）应急预案应经事先模拟演练。
（5）方案实施时施工现场有专职安全生产管理人员进行监督。
（6）经常检查（作业前、作业中）安全设施的完好状态，发现问题应停止作业，对安全设施进行维修整改，直至完好再进行作业。

（二）质量管理的有关规定

本节就工程建设施工活动中有关工程质量检测、见证取样、质量保修等方面法规的规定作简要介绍，以便在实施中正确执行。

1. 建设工程的检测

（1）目的
为保证建筑工程质量、提高经济效益和社会效益，建筑工程质量检测工作是建筑工程质量监督的重要手段。
（2）内容
检测的对象为建筑工程和建筑构件、制品以及建筑现场所用的有关材料和设备。

(3) 机构组成

全国的建筑工程质量检测机构由国家级、省级、市（地区）级、县级四级机构组成。

(4) 主要任务

1) 接受委托，对检测对象进行检测。

2) 参加工程质量事故处理和参加仲裁检测工作。

3) 参与建筑新结构、新技术、新产品的科技成果鉴定。

(5) 法定效力

检测机构是法定的检测单位，其出具的检测报告具有法定效力，国家级检测机构出具的检测报告，在国内为最终裁定，在国外具有代表国家的性质。

2. 见证取样检测

(1) 定义

抽样检查是质量检查的主要方法，样本的采集亦可有多种形式，所谓见证取样即采集样本时要有人监督其正确性和公正性。即在建设工程质量管理条例第三十一条指明的施工人员取样时应当在建设单位或者工程监理单位监督下现场取样，以防止弄虚作假。

(2) 样本

1) 建筑工程　对涉及结构安全的试块、试件及有关材料。

2) 安装工程　同样要以涉及安全为主，属于有关材料的范畴，但具体的要在施工组织设计、施工方案或施工技术措施中给以明确，且征得建设单位或监理单位的同意，但是安装工程大量应用的是工厂制造的产品，要防止出现以现场检测替代社会质量监督职能的现象。

3. 工程质量保修

(1) 定义

是对房屋建筑工程竣工验收后在保修期限内出现的质量缺陷，予以修复。

所谓质量缺陷，是指房屋建筑工程不符合工程建设强制性标准以及合同的约定。

(2) 保修期限

在正常使用情况下，房屋建筑工程的最低保修期限为：

1) 地基基础工程和主体结构工程，为设计文件规定的该工程的合理使用年限。

2) 屋面防水工程、有防水要求的卫生间、房间和外墙面的防渗漏，为 5 年。

3) 供热与供冷系统，为 2 个采暖期、供冷期。

4) 电气管线、给排水管道、设备安装为 2 年。

5) 装修工程为 2 年。

其他项目的保修期限由建设单位和施工单位约定。

(3) 保修程序

1) 建设单位或房屋所有人在保修期内发现质量缺陷，向施工单位发出保修通知书。

2) 施工单位接收保修通知书后到现场核查确认。

3) 在保修书约定时间内施工单位实施保修修复。

4）保修完成后，建设单位或房屋所有人进行验收。

（4）不属于保修的范围

1）因使用不当或者第三方造成的质量缺陷。

2）不可抗力造成的质量缺陷。

（5）房地产开发企业售出的商品房保修，还应执行《城市房地产开发经营管理条例》和其他有关规定。

（6）施工单位不履行保修义务的处罚

1）有下列情形者，由建设行政主管部门责令改正，并处 1 万元以上 3 万元以下的罚款。

① 工程竣工验收后，不向建设单位出具质量保修书的。

② 质量保修的内容、期限违反保修办法的。

2）施工单位不履行保修义务或拖延履行保修义务的，由建设行政主管部门责令改正，处 10 万元以上 20 万元以下的罚款。

4. 工程竣工验收备案管理

（1）管辖

1）国务院建设行政主管部门负责全国房屋建筑工程和市政基础设施工程的竣工验收备案管理工作。

2）县级以上地方人民政府建设行政主管部门负责本行政区域内工程的竣工验收备案管理工作。

（2）职责

1）建设单位应自工程竣工验收合格之日起 15 日内，依照竣工验收管理暂行办法规定，向工程所在地县级以上地方人民政府建设行政主管部门（备案机关）备案。

2）工程质量监督机构应在工程竣工验收之日起 5 日内，向备案机关提交工程质量监督报告。

（3）竣工验收备案提交的文件

1）工程竣工验收备案表。

2）工程竣工验收报告。

包括：

① 工程报建日期。

② 施工许可证号。

③ 施工图设计文件审查意见。

④ 勘察、设计、施工、监理等单位签署的质量合格文件及验收人员签署的竣工验收原始文件。

⑤ 市政基础设施的有关质量检测和功能性试验资料。

⑥ 备案机关认为需要提供的其他有关资料。

3）法律、法规规定应当由规划、公安消防、环保等部门出具的认可文件或者准许使用文件。

4）施工单位签署的工程质量保修书。
5）法规、规章规定必须提供的其他文件。
6）商品住宅还应提交《住宅质量保证书》和《住宅使用说明书》。

（4）备案机关发现建设单位在竣工验收过程中有违反国家有关建设工程质量管理规定行为的，应在收讫竣工验收备案文件15日内，责令停止使用，重新组织竣工验收。

（三）安装工程施工质量验收标准和规范

本节以《建筑工程施工质量验收统一标准》GB 50300—2013 为主线，展开至房屋建筑安装工程各专业的施工质量验收规范，做简明的介绍，主要是适用范围、基本结构、强制性条文的比例，而具体的条款含义已在教材的其他部分有了说明，所以本节仅做概略的介绍。

1. 建筑工程施工质量验收统一标准

（1）适用范围
1）本标准适用于建筑工程施工质量的验收。
2）本标准是建筑工程各专业工程施工质量验收规范编制的统一准则。
3）建筑工程各专业施工质量验收规范必须与本标准配合使用。

（2）基本结构
1）总则　说明编制目的及与专业施工质量验收规范的关系。
2）术语　共17条，是本标准使用时的专门解释，应该说仅适用于本标准。
3）基本规定　共10条，内容包括对施工现场质量体系、质量控制、质量验收要求以及检查验收时抽样方法作出规定。
4）建筑工程质量验收的划分　共8条，说明施工质量验收按单位（子单位）工程、分部（子分部）工程、分项工程、检验批四个层次进行，并具体规定了划分的原则和方法。
5）建筑工程质量验收　共8条，对检验批、分项工程、分部（子分部）工程、单位（子单位）工程的验收合格标准作出规定，强调检验批验收合格是基础，同时体现了质量控制资料在分部（子分部）和单位（子单位）工程验收时的重要作用。

并对验收不符合要求的工程如何处置作出了规定，以满足安全使用要求是唯一可以验收的准则。

6）建筑工程质量验收程序和组织　共6条，对检验批、分项工程、分部（子分部）工程、单位（子单位）工程等的质量验收组织者及参加者分别作出了规定。

（3）强制性条文的比例
统一标准共有条文53条，其中强制性条文5条，比例为9%，同时还有8个附录，用以统一划分工程和统一检查记录的表式。

2. 建筑给水、排水及采暖工程施工质量验收的要求

（1）检验批、分项工程的验收标准

1）工程质量验收的划分按统一标准的规定执行。

2）每个分项工程（检验批）的主控项目、一般项目的质量合格判定按《建筑给水排水及采暖工程施工质量验收规范》GB 50242—2002 的规定执行。

（2）分项工程、分部（子分部）工程的合格判定按统一标准的规定执行。

（3）参与单位（子单位）工程验收时应提供的资料

1）给水排水及采暖工程的工程质量控制资料。

2）给水排水及采暖工程的工程安全和功能检验资料及主要功能抽查记录。

3）给水排水及采暖工程的工程观感质量检查记录。

4）以上资料的详细名录见统一标准附录 H。

3. 建筑电气工程施工质量验收的要求

（1）检验批、分项工程的验收标准

1）工程质量验收的划分按统一标准的规定执行。

2）每个分项工程（检验批）的主控项目、一般项目的质量合格判定按《建筑电气工程施工质量验收规范》GB 50303—2002 的规定执行。

（2）分项工程、分部（子分部）工程的合格判定按统一标准的规定执行。

（3）参与单位（子单位）工程验收时应提供的资料

1）建筑电气工程的工程质量控制资料。

2）建筑电气工程的工程安全和功能检验资料及主要功能抽查记录。

3）建筑电气工程的工程观感质量检查记录。

4）以上资料的详细名录见统一标准附录 H。

4. 通风与空调工程施工质量验收的要求

（1）检验批、分项工程的验收标准

1）工程质量验收的划分按统一标准的规定执行。

2）每个分项工程（检验批）的主控项目、一般项目的质量合格判定按《通风与空调工程施工质量验收规范》GB 50243—2002 的规定执行。

（2）分项工程、分部（子分部）工程的合格判定按统一标准的规定执行。

（3）参与单位（子单位）工程验收时应提供的资料

1）通风与空调工程的工程质量控制资料。

2）通风与空调工程的工程安全和功能检验资料及主要功能抽查记录。

3）通风与空调工程的工程观感质量检验记录。

4）以上资料的详细名录见统一标准附录 H。

5. 建筑智能化工程施工质量验收的要求

（1）建筑智能化工程的分项、分部（子分部）工程的验收按《智能建筑工程质量验收

规范》GB 50339—2013 的规定执行。

（2）建筑智能化工程参与单位工程验收应按《建筑工程施工质量验收统一标准》GB 50300—2013 的规定执行。

6. 自动喷水灭火系统施工质量验收的要求

（1）自动喷水灭火系统工程是一个新的分部工程，其分项工程、分部（子分部）工程的划分按《自动喷水灭火系统施工及验收规范》GB 50261—2005 附录 A 的规定执行。

（2）自动喷水灭火系统的分项工程的主控项目、一般项目的质量合格判定按《自动喷水灭火系统施工及验收规范》GB 50261—2005 的规定执行。

（3）自动喷水灭火系统工程的分项工程、分部（子分部）工程的合格判定参照统一标准 GB 50300—2013 的规定执行。

（4）参加单位（子单位）工程质量验收前已经系统验收合格。

（5）参加单位（子单位）工程验收时自动喷水灭火系统工程应提供的工程质量控制资料见《自动喷水灭火系统施工及验收规范》GB 50261—2005 附录 D。

7. 施工现场临时用电安全管理要求

（1）临时用电施工组织设计

1）临时用电设备在 5 台及 5 台以上或设备总容量在 50kW 及 50kW 以上者，应编制临时用电施工组织设计。

2）临时用电施工组织设计内容

① 负荷计算。

② 选择电源进线。

③ 选择电气设备。

④ 确定线网结构及选择电线规格。

⑤ 绘制电气系统图、平面图、接线图。

⑥ 制定用电安全技术措施和电气防火措施。

3）临时用电施工组织设计必须由电气专业技术人员编制、技术负责人审核、企业主管安全部门批准后实施，实施或使用中有变更，需经重新设计和办理审批手续，并补充图纸后方可实施。

（2）临时用电的施工和使用管理

1）安装、维修或拆除临时用电工程，必须由持证电工完成。

2）临时用电工程除维修电工日常巡视外，施工现场项目部每月组织检查一次，企业每季组织检查一次。

（3）手持式电动工具使用安全要点

1）一般场所应选用 II 类手持式电动工具，并应装设额定动作电流不大于 15mA，额定漏电动作时间小于 0.1s 的漏电保护器。

若采用 I 类手持式电动工具，还应接保护地线。

2）露天潮湿场所或在金属构架上作业，必须选用 II 类手持式电动工具，严禁使用 I

类手持电动工具,并装设防溅型漏电保护器。

3)狭窄场所(锅炉、金属容器、地沟、管道内等)宜选用带隔离变压器的Ⅲ类手持式电动工具,若选用Ⅱ类手持式电动工具,必须装设防溅型漏电保护器,并把隔离变压器、漏电保护器放在狭窄场所外面,工作时应有专人监护。

4)手持式电动工具的负荷线必须采用耐候型的橡皮护套铜芯软电缆,并不得有中间接头。

5)负荷线缆和插头、开关及手持式电动工具本体等必须完好,外观无损伤,使用前先作空载试验检查,正常后再使用。

(4)照明灯具选用

1)一般场所照明灯具电压为220V。

2)下列场所应选用安全电压照明器。

① 隧道、人防工程、有高温、导电灰尘或灯具离地高度小于2.4m等场所,电源电压不大于36V。

② 潮湿和易触及带电体的场所,电源电压不大于24V。

③ 特别潮湿的场所、导电良好的地面、金属容器内等,电源电压不大于12V。

3)单相照明每一回路,灯具和插座数量不宜超过25个,并装设熔断电流为15A及15A以下的熔断器保护。

4)行灯使用应符合下列规定

① 电源电压不超过36V。

② 灯体与手柄应坚固、绝缘良好并耐热耐潮湿。

③ 灯头与灯体结合牢固,灯头无开关。

④ 灯泡外部有金属保护网。

⑤ 金属网、反光罩、悬挂吊钩固定在灯具的绝缘部位上。

因技术进步、管理创新,相关的施工质量验收标准和规范是在不断更迭和修订中,这体现了与时俱进持续改进的精神,所以学习中要注意标准和规范有效版本的更替,及时修正,以免应用中发生失误。

(四)建筑设备安装工程的管理规定

房屋建筑安装工程中含有特种设备安装和消防工程安装,这两类工程由法律、法规规定的政府专门设置的授权机构实行管辖,在施工许可、质量检验、工程验收等方面的管理与其他安装工程有明显的不同,所以必须掌握。而计量器具的管理影响工程质量,要保证检测的精度和准确性,所以必须了解有关规定而在工作中实施有效管理。设备安装工程同样严格执行强制性标准,所以应对其监督的内容和方式及违规处罚的规定作出介绍。

1. 特种设备的施工管理特点

(1)特种设备的定义及分类

依据2009年1月14日第549号国务院令公布修订的《特种设备安全监察条例》对特

种设备的定义是：特种设备是涉及生命安全，危险性较大的设备和设施的总称。

按定义特种设备包括锅炉、压力容器（含气瓶，下同）、压力管道、电梯、起重机械、客运索道、大型游乐设施和场（厂）内专用机动车辆等八种设备。特种设备包括其所用的材料、附属的安全附件、安全保护装置和与安全保护装置相关的设施。具体界定为：

1) 锅炉，是指利用各种燃料、电或者其他能源，将所盛装的液体加热到一定参数，并对外输出热能的设备，其范围规定为容积大于或者等于30L的承压蒸汽锅炉；出口水压大于或者等于0.1MPa（表压），且额定功率大于或者等于0.1MW的承压热水锅炉；有机热载体锅炉。

2) 压力容器，指盛装气体或者液体，承载一定压力的密闭设备，其范围规定为最高工作压力大于或者等于0.1MPa（表压），且压力与容积的乘积大于或者等于2.5MPa·L的气体、液化气体和最高工作温度高于或者等于标准沸点的液体的固定式容器和移动式容器；盛装公称工作压力大于或者等于0.2MPa（表压），且压力与容积的乘积大于或者等于1.0MPa·L的气体、液化气体和标准沸点等于或者低于60℃液体的气瓶、氧舱等。

3) 压力管道，是指利用一定的压力，用于输送气体或者液体的管状设备，其范围规定的最高工作压力大于或者等于0.1MPa（表压）的气体、液化气体、蒸汽介质或者可燃、易爆、有毒、有腐蚀性、最高工作温度高于或者等于标准沸点的液体介质，且公称直径大于25mm的管道。

4) 电梯，是指动力驱动，利用沿刚性导轨运行的箱体或者沿固定线路运行的梯级（踏步），进行升降或者平行运送人、货物的机电设备，包括载人（货）电梯、自动扶梯、自动人行道等。

5) 起重机械，是指用于垂直升降或者垂直升降并水平移动重物的机电设备，其范围规定的额定起重量大于或者等于0.5t的升降机；额定起重量大于或者等于1t，且提升高度大于或者等于2m的起重机和承重形式固定的电动葫芦等。

6) 客运索道，是指动力驱动，利用柔性绳索牵引箱体等运载工具运送人员的机电设备，包括架空索道、客运缆车、客运拖牵索道等。

7) 大型游乐设施，是指用于经营目的，承载乘客游乐的设施，其范围规定的设计最大运行线速度大于或者等于2m/s，或者运行高度距地面高于或等于2m的载人大型游乐设施。

8) 场（厂）内专用机动车辆，是指除道路交通、农用车辆以外仅在工厂厂区、旅游景区、游乐场所等特定区域使用的专用机动车辆。

在房屋建筑安装工程中能遇见的特种设备主要是锅炉、压力容器、压力管道、电梯，以及大型施工现场使用的起重机械和场内专用的机动运输车辆。

(2) 特种设备的安装准入许可和告知

许可制度是指一个生产单位应具备哪些条件，或达到何等标准，或办理什么手续等方能通过审查获得批准。

1) 从事特种设备的安装单位应具备的条件，亦即准入许可。

① 安装单位必须具有独立承担法律责任能力，即具有法人资格，持有工商行政管理等行政核发的营业执照，注册资金与申请范围相适应；安装单位必须具有固定的办公场所

和通信地址。

② 法定代表人（或其授权代理人）应了解与特种设备有关的法律、法规、规章、安全技术规范的标准，对承担安装的特种设备质量和安全性能负全责。授权代理人应有法定代表人的书面授权委托书，并应注明代理事项、权限和时限等内容。

③ 应任命一名技术负责人，对本单位承担的特种设备安装质量进行把关；技术负责人应掌握特种设备的有关法律、法规、规章、安全技术规范和标准；具有国家承认的工程师（电气或机械专业）以上职称，并不得在其他单位兼职。

④ 应配备足够的现场质量管理人员，设立相应的现场质量管理机构，拥有一批满足申请作业需要的专业技术人员、质量检验人员和技术工人。技术工人中持相应作业类别特种设备操作人员资格证书的人员数量应达到相应要求。

⑤ 法定代表人或授权代理人、技术负责人、质量检验人员和特种设备作业人员，应在负责批准安装许可的特种设备安全监督管理部门备案。

⑥ 应拥有满足申请作业需要的设备、工具和检测仪器，如必备的起重运输和焊接设备、计量器具、检测仪器、试验设备等。计量器具和检测仪器设备必须具有产品合格证，并在法定计量检定有效期内。安装过程中涉及土建、起重、脚手架架设和安装安全防护设施等专项业务，可以委托给具备相应资格的单位承担。对安装单位审查时，仅考核相应委托活动的管理制度建立情况。

⑦ 安装作业单位必须加强质量管理，结合本单位情况和申请安装设备的技术管理要求，建立质量保证体系，制定相关的管理制度，编制质量手册、质量保证体系程序和作业指导书等质量保证体系文件。

⑧ 安装作业单位应具有所申请作业范围的安装业绩，特种设备制造单位承担由本单位制造的设备安装时，在申请安装资格时可不受上述业绩限制。

2）改造单位的条件与安装单位条件基本相同，但必须具备设备设计能力，并应满足其改造作业需要的制造和试验的厂房与场地。

从事特种设备安装维修相关工作的特种设备作业人员，必须经过考试，取得相应资格证书后，方可从事相应的工作。做好特种设备作业人员的持证上岗，是各地特种设备安全监督管理部门安全监察日常工作的一项重要内容，施工企业具体实施过程中应坚决消除无证上岗现象，杜绝无证上岗造成的事故隐患。

3）资格许可的批准

① 特种设备的安装、改造、维修单位具备了生产条件后，还必须经国务院特种设备安全监督管理部门许可，取得资格，才能进行相应的生产活动。

② 锅炉和压力容器的安装单位必须经安全监督管理部门批准，取得相应级别的安装资质。

③ 电梯的安装、改造、维修，必须由电梯制造单位或者其通过合同委托、同意的依照《条例》取得许可的单位进行。电梯制造单位对电梯质量以及安全运行涉及的质量问题负责。

4）特种设备的开工许可

特种设备安装、改造、维修的施工单位应当在施工前将拟进行的特种设备安装、改造、维修情况书面告知直辖市或者设区的市的特种设备安全监督管理部门、告知后即可施工。

① 安装单位在进行电梯、锅炉、压力容器、起重机械等特种设备安装前，须到特种设备安全监督管理部门办理报装手续，将有关情况书面告知直辖市或设区的市级特种设备安全监督管理部门，否则不得施工。

② 告知的目的是便于安全监督管理部门审查从事活动的企业资格是否符合从事活动的要求；安装的设备是否由合法的生产单位制造（或改造），及时掌握特种设备的动态，并便于安排现场监督和检验工作。

(3) 特种设备的监督检验

1) 监督检验的概念

监督检验是指特种设备制造、安装过程中，在企业自检合格的基础上，由国家特种设备安全监督管理部门核准的检验机构，按照安全技术规范对制造或安装单位进行的验证性检验，它属于强制性的法定检验。监督检验项目、合格标准、报告格式等已在安全技术规范中规定，监督检验收费应按照国家行政事业性收费标准执行，对于这些内容，被监督检验单位和监督检验单位均无权改变。

2) 监督检验对象

进行监督检验的对象是：锅炉、压力容器、压力管道元件、起重机械、大型游乐设施的制造过程和锅炉、压力容器、电梯、起重机械、客运索道、大型游乐设施的安装、改造、重大维修过程。由于电梯和客运索道的制造主要由机械加工中心等专用设备生产，其质量受人为干扰较少，质量稳定，没有必要进行监督检验。

3) 承担监督检验的主体

由国家特种设备安全监督管理部门核准的检验检测机构。

4) 监督检验的主要工作内容

① 确认核实制造、安装过程中涉及安全性能的项目，如材料、焊接工艺、焊工资格、力学性能、化学成分、无损探伤、水压试验、载荷试验、出厂编号和监检钢印等重要项目。

② 对出厂技术资料的确认。

③ 对受检单位质量管理体系运转情况抽查。

监督检验合格后，监督检验单位应按规定的期限出具监督检验报告，报告中包括上述三项内容和结论，同时对每台合格产品签发监督检验合格证书。未经监督检验合格的设备，不得出厂或者交付使用。

在锅炉、压力容器、电梯、起重机械、客运索道、大型游乐设施的安装、改造、维修以及场（厂）内专用机动车辆的改造、维修竣工后，安装、改造、维修的施工单位应当在验收后30日内将有关技术资料移交使用单位，高耗能特种设备还应当按照安全技术规范的要求提交能效测试报告。使用单位将其存入该特种设备的安全技术档案。特种设备的安装、改造、维修活动技术资料是说明其活动是否符合国家有关规定的证明材料，也涉及许多设备的安全性能参数，这些资料与设计、制造文件同等重要，必须及时移交使用单位。

2. 消防工程的施工管理特点

（1）施工图纸的审查和备案

1）工程施工的消防设计文件应是依法经公安机关消防机构审核通过或是向公安机关消防机构备案的消防施工设计图纸，而哪些工程项目，什么样规模的工程是属于审核或属于备案的不同性质，是各级地方公安消防行政主管部门依据当地经济发展实际情况和需要向社会公布名录。所以消防工程施工单位在投标过程和中标后展开施工前要掌握工程所在地颁发的相关名录，以免施工时在管理方面发生失误。

2）依法应当经公安机关消防机构进行消防设计审核的建设工程，未经审核或者审核不合格的，负责审批该工程施工许可的部门不得给予施工许可，建设单位不得开工建设，施工单位不得施工。

3）其他建设工程按照国家工程建设消防技术标准进行的消防设计，建设单位应当自依法取得施工许可之日起七个工作日内，将消防设计文件报公安机关消防机构备案，公安机关消防机构应当进行抽查消防设计文件。如抽查不合格的，虽获施工许可，应当停止施工。

（2）消防工程产品选用原则

1）消防工程使用的产品包括消防工程的专用产品如各类火灾探测器、报警控制器等，也有工程施工的通用产品如镀锌钢管、型钢及各类紧固件等。

2）消防工程施工用的产品（材料、设备）必须符合国家标准，没有国家标准的必须符合行业标准。不得使用不合格的消防产品以及国家明令淘汰的消防产品。

3）消防产品（材料、设备）的质量必须符合国家标准或者行业标准。施工企业必须使用经依照产品质量法的规定确定的检验机构检验合格的消防产品。消防产品进场时必须具备产品质保书、合格证及合格产品检验书，并报现场监理审核合格后方可用在消防安装工程上。

（3）消防工程的检测和验收

1）依法经公安机关消防机构审核消防设计的消防工程竣工后，建设单位应当向公安机关消防机构申请消防验收。

2）其他建设工程的消防工程建设单位在竣工验收后应当报公安机关消防机构备案，公安机关消防机构应当进行抽查。

3）依法应当进行消防验收的建设工程，未经消防验收或者消防验收不合格的，禁止投入使用；其他建设工程经依法抽查不合格的，应当停止使用。

4）具体操作是消防工程竣工后，施工安装单位必须委托具备资格的建筑消防设施检测单位进行建筑消防设施检测，取得建筑消防设施技术测试报告。

建设单位应当向公安消防监督机构提出工程消防验收备案或申请的要求，并送交建筑消防设施技术测试报告，或填写《建筑工程消防验收申报表》，并由公安机关消防监督机构组织抽查或消防验收。

抽查或消防验收不合格的，施工单位不得交工，建筑物的所有者不得接受使用，经整改验收合格后或取得消防验收合格意见书后，施工单位方可将消防工程设施移交建设单位投入使用，并协助建设单位培训消防设施管理人员。

3. 法定计量单位使用和计量器具检定

（1）法定计量单位的定义

1）中华人民共和国计量法明确指出，我国采用国际单位制，由国务院公布的国际单位制计量单位和国家选定的其他计量单位，为国家法定计量单位，同时废除和不再使用非国家法定计量单位。目的是保障国家计量单位的统一和量值的准确可靠，促使生产、贸易和科学技术健康发展，有利于我国现代化建设需要。

2）国际单位制的符号 SI，是米制基础上发展起来的比较完善、科学、实用的单位制，它可应用于各个科学技术领域和各个行业，从而代替了历史上遗留下来的几乎所有的单位制和单位，世界上绝大多数国家和一些国际性科学技术组织都已宣布采用，其中包括传统的英制国家。我国自改革开放以来，为融入国际社会和技术经济发展需要，自 20 世纪 80 年代初就开始推行国际单位制，到 1985 年 9 月以立法的形式进一步给予确定。

3）国家选定的非国际单位制的法定计量单位，主要是依据我国的实际需要，虽然其目前尚未被国际计量局认定为 SI 单位。如时间量的分、小时、日（天），体积量的升，旋转速度量的转每分、面积量的公顷以及长度量的海里等，但海里只限于用在航行中。

4）在推行法定计量单位使用的文件中，政府明确指出，只有两种情况可以使用非法定计量单位，并对英制单位提出必须限制使用的意见。

① 出口商品所用计量单位，可根据合同使用，不受法定计量单位限制。

② 个别科学技术领域中，如有特殊需要，可使用某些非法定计量单位，但必须与有关国际组织规定的名称、符号相一致。

由此可知，工程建设领域中的所有资料，包括应用的和形成的两大类资料都必须采用我国的法定计量单位。

（2）常用的法定计量单位

1）几个名词的含义

① 量是物理量的简称，如长度、时间、电流、物质的量、质量、热力学温度、发光强度等 7 个称为基本量。

② 量制是指彼此间存在确定关系的一组量，这种关系是指量之间的函数关系。如速度 V 与程长 S 和时间 t 之间为：

速度＝程长/时间　即　$V=S/t$

严格说上式是指均速运动，否则应用微分方法表示，但道理是一样的。

③ 量纲

这里仅介绍基本量的量纲，其他量的量纲均由基本量的量纲及其幂的乘积导出的，基本量的量纲如表 1-1 所示。

基本量的量纲　　　　　　表 1-1

基本量	量纲	单位名称	单位符号
长度	L	米	m
质量	M	千克	kg

续表

基本量	量纲	单位名称	单位符号
时间	T	秒	s
电流	I	安培	A
热力学温度	Θ	开尔文	K
物质的量	N	摩尔	mol
发光强度	J	坎德拉	cd

④ 单位、单位制、一贯单位制

A. 单位

是指计量单位或测量单位的简称，是为定量表示同种量大小、多少而约定定义和采用的特定量，因而说单位本身是个约定特定量的量值。如：米等于光在真空中于（1/299 792 458）秒时间间隔内所经路径的长度；秒等于与元素铯 Cs-133 原子基态的两个超精细能级间跃迁相对应的辐射的 9192631770 个周期所持续的时间。从上述的定义，可以看出单位肇始于物理学。

B. 单位制

单位制是按给定规则确定基本单位和导出单位，如选择了不同的基本单位，则为构成不同的单位制，如过去的重量以钱、两、斤、担与现时的克、公斤、吨就属于两个不同的单位制。

C. 一贯单位制

一贯单位制是由基本单位和一贯导出单位组成的计量单位制。一贯导出单位则是基本单位通过公式表示的系数等于 1 的计量单位。例如长度单位为丈、面积单位为亩，1 亩 = 60 丈^2，它们之间不是一贯制的，如把丈作为基本单位，其一贯导出的面积单位应是丈^2，而不是亩。又如航程单位海里，航速单位为节，其和时间单位小时与航程的关系为节 = 1 海里/时，如把海里和小时作基本单位，导出的节这个单位则为一贯单位制的构成之一。

2）法定计量单位使用规则

① 单位名称

A. 单位名称有简称和全称，例如牛顿可简称为牛、瓦特简称为瓦，无简称者，可认为简称与全称相同。

B. 单位名称及其符号中，不应附加表示量特性的形容词或附加标记。只要用作单位的符号就不能附加，如最大电压 400V，不能写成 400Vmax。

C. 长度单位有指数 2 或 3，在表示面积时名称为平方，表示体积时名称为立方，非面积或体积，则分别称作二次方或三次方。

D. 负指数可用"每"或"负一次方"表示。如：S^{-1} 名称为每秒或负一次方秒。

E. 中国法定计量单位中贯以"公"字名称的只保留了公斤、公顷与公里三个。

F. 长度单位中的丝、忽、道等均不再使用；电气工程中频率赫兹（Hz）不再用周替代。

G. 由热力学温度代替了过去的绝对温度，所以单位"绝对温度"已被"K"所替代。

H. 目前口语中的"百分点"，如 CPI 上涨了 4.8 个百分点，即为 4.8% 的意思，但在技术文件中不能以"百分点"作为单位。

② 单位符号

A. 用单位名称简称的符号均为中文称号。

B. 拉丁文符号如用人名作单位的，如由数个字母组成，其首个字母为大写，后面的字母均为小写，且一律用正体字母。

C. 两单位相乘，可使用居中圆点或空格表示，例如牛顿·米为 N·m 或 N m。

D. 两单位相除，可使用斜线（/）或负指数表示。例如加速度为 m/s^2 或 m·s^{-2}。注意用斜线表示时，分子与分母字符在同一水平高度。

E. 中文符号表示单位的乘除关系与拉丁字符表示相同，但表示相除关系时，如分母有两个单位组成则应加括号。例如瓦/(米·℃)。

③ 表格中的量值

A. 当表格中的全部量，如长、高、外径、距离等均是用同一个单位，比如是 cm，可以只在表头中仅写明量的名称，而把单位名称或符号注明在表的右上角框线上部，写成单位：厘米或单位：cm。国家标准规定表中只要给出数值。

B. 当表格中的全部量不是用同一个单位，则应在表头量的名称后写上单位名称或符号。有时量的名称虽相同，但量值的倍数相差悬殊，可以把量的名称或符号写在或印在表中量值的后部。

④ 量的符号无例外地采用斜体字母印刷。可以是拉丁字母，也可能用希腊字母，如线质量 ρ_l，质量 ρ 及其下标 l 均为斜体字。而量的下标形容词下标时要用正体字，如最大的为 max、标准的为 n。这里再提醒一下，量的符号可以下标形容词，而单位的符号是不能下标形容词的。

3) 常用的法定计量单位

① 词头

仅有 SI 单位，并不能方便地实用于不同大小的量，而必须有其分数和倍数单位，由 SI 词头加 SI 单位构成，词头在任何情况下，均不能单独使用，工程中常用的词头如表 1-2 所示。

工程中常用的词头　　　　　　　　　　表 1-2

因数	中文名称	符号
10^6	兆	M
10^3	千	k
10^2	百	h
10^1	十	da
10^{-1}	分	d
10^{-2}	厘	c
10^{-3}	毫	m
10^{-6}	微	μ
10^{-9}	纳	n
10^{-12}	皮	p

② 长度　量的符号 l，L

A. 当具体化为其他同类量时，可以分别用不同量的符号，宽度 b；高度 h；厚度 d，δ；半径 r；直径 d，D；程长 s；距离 d，r；直角坐标 x，Y，Z；曲率半径 ρ。

B. 常用单位：米 m；千米（公里）km；厘米 cm；毫米 mm；微米 μm；纳米 nm；海里 nmile，1 海里等于 1.852 公里。

③ 面积　量的符号 A，S

A. SI 单位为平方米 m^2。

B. 常用单位：平方公里 km^2；平方厘米 cm^2；平方毫米 mm^2；公顷 ha，hm^2，1 公顷等于 $10000m^2$。

④ 体积、容积　量的符号 V

A. SI 单位为立方米 m^3。

B. 常用单位：立方厘米 cm^3；升 L，1 升等于千分之一立方米。

⑤ 时间　量的符号 t

A. SI 单位为秒 s。

B. 常用单位：分 min；小时 h；日 d；年 a。

C. 周期用符号 T；时间常数用符号 τ。

⑥ 速度　量的符号 v，c

A. SI 单位为米每秒 m/s。

B. 常用单位：公里每小时 km/h；马赫 M，Ma，1 马赫近似为 340m/s、1200km/h。

⑦ 加速度　量的符号 a、重力加速度量的符号 g

A. SI 单位为米每二次方秒 m/s^2。

B. 常用单位：厘米每二次方秒 cm/s^2；标准重力加速度 g_n，数值为 $9.80665 m/s^2$。

⑧ 频率　量的符号 f，v

A. SI 单位为赫兹 $Hz = 1s^{-1}$。

B. 常用单位：千赫 kHz；兆赫 MHz。

⑨ 质量　量的符号 m

A. SI 单位为千克（公斤）kg。

B. 常用单位：毫克 mg；吨 t；1 吨为 1000 公斤。

C. 在化学、商贸、工程、医疗卫生等领域以及日常生活中，可按习惯把质量称为重量。

⑩ 密度量的符号 ρ（包括质量密度和体积质量）

A. SI 单位为千克每立方米 kg/m^3。

B. 常用单位：克每立方厘米 g/cm^3；克每毫升 g/ml。

⑪ 力　量的符号 F；重力　量的符号 W，P，G

A. SI 单位为牛（顿）N，$1N = 1kg \cdot m/s^2$。

B. 常用单位：千牛 kN。

C. 重力特指获得重力加速度所受的力，故又称为重量。

⑫ 压力　量的符号 P

A. SI 单位为帕斯卡 Pa，$1Pa = 1N/m^2 = 1kg/(m \cdot s^2)$。

B. 常用单位：兆帕 MPa，1MPa＝10^6Pa＝1N/mm^2。

C. 表压用符号 p_e；环境压力用符号 p_{amb}

⑬ 能、能量　量的符号 E

　　功　量的符号 W，A

　　动能　量的符号 E

A. SI 单位为焦耳 J，1J＝1N・m。

B. 常用单位：千瓦时 kW・h，1kW・h＝3.6MJ＝3.6×10^6J。

C. 过去表示热量的单卡及其倍数已不再使用。

⑭ 功率　量的符号 P

A. SI 单位为瓦特 W，1W＝1J/s＝1V・A。

B. 常用单位：兆瓦 MW；千瓦 kW。

C. 米制 1 马力约等于 736W、英制 1 马力（HP）约等于 0.7355kW 均已不再使用。

⑮ 摄氏温度　量的符号 t，θ

SI 单位为℃，但不应简称为"度"。

⑯ 传热系数　量的符号 K，k

A. SI 单位为瓦特每平方米开尔文 W/(m^2・K)。

B. 常用单位：千瓦每平方米开 kW/(m^2・K)；焦每平方米小时开 J/(m^2・h・K)。

C. 上述单位符号中的 K 可以用℃取代。

⑰ 电流　量的符号 I

A. SI 单位为安培 A。

B. 常用单位：千安 kA，毫安 mA，微安 μA。

C. 交流技术中符号 i 表示电流瞬时值，用 I 表示有效值。

⑱ 电压　量的符号 U，V；电动势　量的符号 E

SI 单位为伏特 V。

⑲ 电阻　量的符号 R

A. SI 单位为欧姆 Ω。

B. 常用单位：兆欧 MΩ。

⑳ 电容　量的符号 C

A. SI 单位为法拉 F。

B. 常用单位：微法 μF，皮法 pF。

㉑ 电感　量的符号 L，M

A. SI 单位为亨利 H。

B. 常用单位：毫亨 mH，微亨 μH。

㉒ 视在功率　量的符号 S

A. SI 单位为伏安 V・A。

B. 常用单位：千伏安 kV・A。

㉓ 电能　量的符号 W

A. SI 单位为焦耳 J，1J＝1W・s。

B. 常用单位：千瓦时 kW·h，兆瓦时 MW·h。

C. 在文件中不应称千瓦时为度。

㉔ 光照度、照度　量的符号 E，E_v

SI 单位为勒克斯 lx，1lx＝1lm/m²，lm 称为流明，指光通量的单位符号。

㉕ 声强级　量的符号 L_p

无 SI 单位，我国法定计量单位为分贝 dB。

4）英制单位简介

① 由于历史原因和机械设备的进口需要，我国对英制单位作出了限制使用的决定，说明某些特殊场合或工作领域还有英制单位在应用。就房屋建筑安装工程而言，主要用在管道安装工程中，表现为管材及其配件的长度计量，所以要对英制单位与法定计量单位间在长度计量方面作一简单的介绍。

② 英制长度单位

A. 英里，符号为 mi，1 英里等于 1760 码。

B. 码，符号 ya，1 码等于 3 英尺。

C. 英尺，符号 ft，1 英尺等于 12 英寸。

D. 英寸，符号 in，1 英寸等于 1000 英丝（mil）。

但在我国工厂中习惯把 1 英寸分为 8 份，每份称 1 英分，实则英制中无此长度单位，但对英寸的分数、小数有 1/64、1/32 的习惯称呼。

③ 英制和法定计量单位长度的关系

A. 1 英寸等于 2.54cm。

B. 1 英尺等于 0.3048m。

C. 1 码等于 0.9144m。

D. 1 英里等于 1.609km。

E. 1 英丝（毫英寸，密耳 mil）等于 25.4μm。

④ 英制管径与法定计量单位对照如表 1-3 所示。

英制管径与法定计量单位对照表　　　　表 1-3

单位名称 \ 序号	1	2	3	4	5	6	7
英寸	1/8	1/4	3/8	1/2	3/4	1	$1\frac{1}{4}$
毫米	3.175	6.350	9.525	12.700	19.050	25.400	31.750
单位名称 \ 序号	8	9	10	11	12	13	14
英寸	1 1/2	2	2 1/2	3	4	5	6
毫米	38.100	50.800	63.500	76.200	101.60	127.00	152.40

注：通常用英制表示的水管指管内径。

（3）计量器具的检定

1）计量器具的定义

计量器具是单独地或连同辅助设备一起用以进行测量的器具。其特征有：

① 用于测量；

② 能确定被测对象的量值；

③ 器具本身是一种技术装置。

2）计量器具的分类

① 计量基准器具即国家计量基准器具，简称计量基准，是指用以复现和保存计量单位量值，经国务院计量行政管理部门批准作为统一全国量值最高依据的计量器具。

② 计量标准器具，简称计量标准，是指准确度低于计量基准的，用于检定其他计量标准或工作计量器具的计量器具。

③ 工作计量器具，即对施工企业而言是指施工中测量各种量值的计量器具。

3）计量器具的检定

① 计量检定是指为评定计量器具的计量性能，确定其是否合格所进行的全部工作。

② 检定是查明和确认计量器具是否符合法定要求的程序，它包括检查、加标记和（或）出具检定证书。

③ 依据检定的必要性程度，可分为强制检定和非强制检定。

A. 强制检定是由政府计量行政管理部门所属的法定计量检定机构或授权的计量检定机构，对社会公用计量标准；部门和企业、事业单位使用的最高计量标准；用于贸易结算、安全防护、医疗卫生、环境监测等四个方面列入国家强制检定目录的工作计量器具，实行定点定期的一种检定。

B. 非强制检定则是由计量器具使用单位自己或委托具有社会公用计量标准或授权的计量检定机构，依法进行的一种检定。

4）施工企业对计量器具检定的必要性

① 正确应用法定计量单位

严格地说，在施工经营活动中涉及计量的一切正式场合，都应使用法定计量单位。尤其是书面的计量检测记录。施工企业应规定计量检测数据的管理要求，包括工艺过程控制计量检测数据记录：如试验报告、检定报告、安装记录或其他计量检测数据的记录；能源计量检测数据、大宗物料进出计量检测数据、原材料消耗计量检测数据、质量监督计量检测数据和安全检测记录；工程质量检验记录；环保检测记录等。这些检测数据应当准确、真实，填写规范，有关人员签证齐全。各类测量设备使用人员、经营核算人员都被要求正确使用法定计量单位。

② 确保各类计量器具使用在有效期内

确保各类计量器具使用在有效期内的基本措施就是组织实施企业计量管理标准和有关制度。

A. 根据计量管理规定，只有通过了确认并且合格的测量设备才能使用。测量设备的确认状态应以适当的方式加以标识。实行周期性确认的测量设备使用非永久性的标识，标识上注明确认日期或有效期。

B. 仓库保管员负责测量设备的分类、隔离存放，作好测量设备的借用记录登记，保证正确发放在有效期内的测量设备。

C. 测量设备使用人员应熟悉计量管理程序，熟悉测量设备分类原则和标记种类，领用合适类别的合格测量设备,正确使用测量设备、维护测量设备及标识。

D. 组织实施企业计量管理标准的部门、项目、工区计量员,除了防止计量器具的有效期外的非预期使用外,还要加强检查,发现非法使用计量器具的,有权下令停止使用,并提出处理意见。

4. 工程建设强制性标准的监督实施

(1) 定义

1) 工程建设强制性标准是指直接涉及工程质量、安全、卫生及环境保护等方面的工程建设标准强制性条文。

2) 国家工程建设标准强制性条文由国务院建设行政主管部门会同国务院有关行政主管部门确定。

(2) 监督管辖

1) 国务院建设行政主管部门负责全国实施工程建设强制性标准的监督管理工作。

2) 国务院有关行政主管部门按照职能分工负责实施工程建设强制性标准的监督管理工作。

3) 县级以上地方人民政府建设行政主管部门负责本行政区域对实施工程建设强制性标准的监督管理工作。

(3) 加强工程建设强制性标准实施的监督管理工作的意义是保证建设工程质量、保障人民的生命、财产安全,维护社会公共利益。

(4) "四新"应用和国际标准采用

1) 工程建设中拟采用的新技术、新工艺、新材料,不符合现行强制性标准规定的,应当由拟采用单位提请建设单位组织专题技术论证,报批准标准的建设行政主管部门或者国务院有关部门审定。

2) 工程建设中采用国际标准或者国外标准,现行强制性标准未作规定的,建设单位应当向国务院建设行政主管部门或者国务院有关行政主管部门备案。

(5) 监督检查内容

1) 有关工程技术人员是否熟悉、掌握强制性标准的规定。

2) 工程项目的规划、勘察、设计、施工、验收等是否符合强制性标准的规定。

3) 工程项目采用的材料、设备是否符合强制性标准的规定。

4) 工程项目的安全、质量是否符合强制性标准的规定。

5) 工程中采用的导则、指南、手册、计算机软件的内容是否符合强制性标准的规定。

(6) 职责和处罚

1) 任何单位和个人对违反工程建设强制性标准的行为有权向建设行政主管部门或者有关部门检举、控告、投诉。

2) 施工单位违反工程建设强制性标准的,责令改正,处工程合同价款 2% 以上 4% 以下的罚款;造成建设工程质量不符合规定的质量标准的,负责返工修理,并赔偿因此造成的损失,情节严重的,责令停业整顿,降低资质等级或者吊销资质证书。

二、施工组织设计和施工方案

本章对施工组织设计和施工方案的编制作出介绍,以利学习者在实践中应用。

(一) 施工组织设计编制

本节对施工组织设计的编制方法及审批流程作出介绍。

1. 施工组织设计的类型

(1) 定义

据国家推荐性标准《建筑施工组织设计规范》GB/T 50502—2009 指明:施工组织设计以施工项目为对象编制的,用以指导施工的技术、经济和管理的综合性文件。

(2) 作用

是按预期设计有条不紊地展开施工活动,使履行承包合同约定时能按期、优质、低耗、节能、绿色、环保等各项指标在工程建设中得到有效保证,从而使企业得到良好的经济效益,也可获得被认同的社会效益。

(3) 类型

1) 施工组织总设计

以若干单位工程组成的群体工程或特大型项目为主要对象编制的施工组织设计,有对整个项目的施工过程起统筹规划、重点控制的作用。如住宅小区、体育中心等。

2) 单位工程施工组织设计

以单位(子单位)工程为主要对象编制的施工组织设计,对单位(子单位)工程的施工过程起指导和制约作用。如该单位(子单位)工程是属于施工组织总设计中的一个单位工程,则编制时应与施工组织总设计的指导原则保持一致。

3) 施工方案

以分部(分项)工程或专项工程为主要对象编制的施工技术与组织方案,用以具体指导其施工过程。通常技术难度较大、施工工艺较复杂、采用新工艺或材料的分部(分项)工程要编制施工方案。

4) 内容

施工组织总设计和单位工程施工组织设计编制的内容基本相似。仅施工组织总设计编制时整个工程项目的建设处于早期阶段,有些资料不够完整,如有的单位工程还处于初步设计中,不能提供施工图纸,所以其是一个框架性的指导文件,要在实施中不断补充完善。而单位工程施工组织设计编制时其所有编制依据和资料基本齐全,编制的文件内容翔实,具有可操作性。以下是对单位工程施工组织设计内容作出介绍。

① 工程概况，包括工程的性质、规模、地点、建设期限、各专业设计简介，工程所在地的水文地质条件和气象情况，施工环境分析，施工特点或难点分析等。

② 施工部署，包括确定施工进度计划、质量和安全目标，确定施工顺序和施工组织管理体系，确定环境保护和降低施工成本措施等。

③ 施工进度计划，统筹确定和安排各项施工活动的过程和顺序、起止时间和相互衔接关系，可用实物工程量或完成造价金额表达，并以横道图、网络图或列表表示。

④ 施工准备计划，包括技术准备、物资准备、劳动组织准备和施工现场准备等。

⑤ 主要施工方法，包括主要施工机械的选配、季节性施工的步骤和防台防雨措施、构件配件的加工订货或自行制作的选定、重要分项工程施工工艺及工序的确定，以及样板区的选定。

⑥ 确定各项管理体系的流程和措施，包括技术措施、组织措施、质量保证措施和安全施工措施等。

⑦ 说明各项技术经济指标。

⑧ 绘制施工总平面布置图，并说明哪些是全局性不随工程进展而变动的部分，哪些要随工程进展而需迁移更动的部分。其内容包括施工场地状况，存贮、办公和生活设施，现场运输道路和消防通道布置，供电、供水、排水、排污等主干管网或线路的安排，以及与工程相邻的地上、地下环境条件。

⑨ 依据企业管理规章制度结合工程项目实际情况和承包合同约定，指明需补充修正的部分，其内容仅本工程适合应用。

⑩ 主要施工管理计划，包括进度管理计划、质量管理计划、安全管理计划、环境管理计划、成本管理计划以及其他管理计划。

其他管理计划是指绿色施工管理计划、防火保安管理计划、合同管理计划、组织协调管理计划、创优质工程管理计划以及对施工资源的管理计划。

值得提醒的是，虽然内容有十大类，但工程项目规模有大有小，所以具体编制施工组织设计时，要针对项目特点有所侧重或对有些内容予以忽略。

2. 编制的原则

（1）符合工程承包合同的约定或招标文件中有关工程进度、质量、安全、环境保护、造价等方面的要求。

（2）积极开发、使用新技术和新工艺，推广应用新材料和新设备。

（3）坚持科学的施工程序和合理的施工顺序，采用流水施工和网络计划等方法，科学配置资源，合理布置现场，采取季节性施工措施，实现均衡施工，达到合理的经济技术指标。

（4）采取技术和管理措施，推广建筑节能和绿色施工。

（5）与质量、环境和职业健康安全三个管理体系有效结合。

3. 编制的依据

（1）与工程建设有关的法律、法规和文件。

(2) 国家现行有关标准和技术经济指标。
(3) 工程所在地行政主管部门的批准文件，建设单位对施工的要求。
(4) 工程施工合同、招标投标文件或相关协议。
(5) 工程设计文件。
(6) 工程施工现场情况调查资料，包括工程地质及水文地质、气象等自然条件。
(7) 与工程有关的资源供应情况。
(8) 本企业的生产能力、机具设备状况、技术水平等。
(9) 其他。

4. 编制的流程

(1) 组织编制组，明确负责人（主编）。通常由项目负责人主持编制。
(2) 收集整理编制依据，并鉴别其完整性和真实性。
(3) 编制组分工，并明确初稿完成时间。
(4) 初稿整理后召集企业内部审查。
(5) 编制组据初审意见进行修改。
(6) 依据企业规章制定报企业负责人审阅。
(7) 除投标用施工组织设计外，召集外部人员参加评审会议，拟参评的单位有业主方、监理方、设计方，有的工程还有政府行政管理监督部门参加，如公安消防监督机构、建设工程质量安全监督机构、特种设备安全监督机构、环境保护监督机构以及文物管理部门等。
(8) 编制组依据外部评审会议的纪要进一步对施工组织设计进行修改。
(9) 修改完成报企业负责人审批，经批准后的施工组织设计即生效进入实施阶段。
(10) 实施中因条件变化，发生较大的必须的更改，其更改部分需经原批准人审查批复。

5. 施工组织设计的审批

(1) 施工组织总设计由总承包单位技术负责人审批。
(2) 单位工程施工组织设计由施工单位技术负责人或技术负责人授权的技术人员审批。
(3) 规模较大或较复杂的项目，其施工组织设计可根据需要分阶段编制和审批。

（二）施工方案编制要点

本节对房屋建筑设备安装工程施工方案编制的部位和内容及方法作简要介绍，供在实践中参考应用。

1. 施工方案编制的指向

房屋建筑设备安装工程的专项施工方案编制的导向主要是指，工程规模较大、施工难度较大、施工安全风险较大或采用新材料和新工艺的分部或分项工程。例如：

（1）给水、排水工程在高层或超高层建筑的管道竖井内就位安装，带有中水处理的工艺设备及其管路安装，大型体育中心主体育场大口径卡箍式连接的供水管网的安装和试压等。

（2）建筑电气工程在动力中心的变配电设备安装，机场建设的电力电缆敷设，带有35kV的变配电所的调整试验等。

（3）通风与空调工程在大型体育馆或大型机场航站楼内的吊装，采用不镀锌的大口径空调冷却水冷冻水黑铁管网的内壁防腐涂膜处理，新型复合风管的制作及安装，高洁净度的空调系统安装等。

（4）消防工程在图书馆、电信机房带有气体和水及新型探测器的工程联动报警系统的调试、水雾消防和水灭火及其不锈钢管网安装等。

（5）建筑智能化工程在大型建筑中的BA系统联合调校，安全防范较复杂、新型、全面的系统和效能检测等。

2. 专项施工方案的内容

（1）工程概况，包括名称、主要工程量、施工的特点、难度和复杂程度、要解决的技术要点、施工作业条件和环境特点。

（2）确定施工程序和顺序，经比较分析确定施工方法和施工起点及流向。

（3）明确各类资源配置数量和要求。

（4）进度计划安排，确定全部施工过程在时间上和空间上的部署。

（5）工程质量控制，明确标准，制定检测控制点，说明检测器具和方法，提出质量预控措施。

（6）制定安全技术措施，辨识危险源，提出相应预控方案。

（7）明确文明施工要点和环境保护措施。

3. 施工方案编制方法

（1）明确要求，是指明确工程设计意图、明确业主意向、明确企业资源状况、明确工程进度安排、明确施工及验收规范规定。

（2）在明确需求的基础上，确定各项目标，即质量、安全、进度、效益、环保、节能等目标。

（3）分析实现目标可能发生的各种影响因素，综合考虑找出可行的多个施工方案。

（4）对多个方案进行评价对比。

（5）经评价对比后选择最终优化的施工方案，并形成书面文件。

4. 施工方案的审批

（1）施工方案由项目技术负责人审批。

（2）重点、难点分部（分项）工程和专项工程施工方案由施工单位技术部门组织相关专家评审，施工单位技术负责人批准。

（3）由专业承包单位施工的分部（分项）工程或专项工程的施工方案，由专业承包单位技术负责人或技术负责人授权的技术人员审批，有总承包单位时，由总承包单位项目技术负责人核准备案。

（4）规模较大的分部（分项）工程和专项工程的施工方案要按单位工程施工组织设计进行编制和审批。

（5）危险性较大的施工方案要按法规规定组织有关专家进行论证，只有论证通过的方案才能实施。

三、施工进度计划

本章介绍施工进度计划的分类、编制方法和控制检查及调整的原则,通过学习以增强对进度计划重要性的认识和提高如何控制进度的能力。

(一)进度计划的类别及作用

本节对不同类别的施工进度计划及其作用作简要的介绍,通过学习可加深理解计划的分类和应用场合。

1. 施工进度计划的分类

(1)定义

1)施工进度计划是把预期施工完成的工作按时间坐标序列表达出来的书面文件。

2)拟完成的工作可以用实物工程量表示,如给排水工程管道的长度米数、建筑电气工程安装的灯具套数;也可用拟完成的产值金额数表示。前者称实物形象进度计划,后者称完成投资额度计划。

3)时间坐标可以是年、季、月、旬(周)、日,按不同的需要选定。

(2)分类

1)按工程规模分类:有施工总进度计划、单位工程施工进度计划、分部分项工程施工进度计划等。

2)按指导施工时间长短分类:有年度计划、季度计划、月度计划、旬或周计划等。

3)按机电工程类别分类:有给水排水工程进度计划、建筑电气工程进度计划、通风与空调工程进度计划、建筑智能化工程进度计划、自动喷水灭火系统工程进度计划等。

4)按作用不同分类:有控制性进度计划和实施性作业计划等。

2. 施工进度计划的作用

(1)项目由多个单位工程组成或工期较长需跨多个年度才能建成的工程需进行施工总进度计划编制。

1)施工总进度计划描述的对象是单位工程的开、竣工时间,是对整个项目工期目标实行宏观控制,因而计划的时间坐标是年、季、月为主,属于控制性计划。

2)单位工程进度计划编制的工期目标应符合施工总进度计划时间节点的安排,仅在总进度计划作出调整后,新开工的单位工程进度计划才能与原总进度计划的安排有差异,这是计划安排严肃性的体现。

(2)单位工程施工进度计划对跨多年度的工程因其规模庞大具有控制性作用外,大多是与作业计划一样均为实施性计划。

1) 房屋建筑安装工程的单位工程施工进度计划应表达所有专业（分部）的施工内容。是编制该工程各专业的施工作业计划的依据。

2) 实施性的计划编制时对生产资源情况、作业条件状况、作业环境分析等均做了充分的了解，因而计划的实施具有较强的可操作性。

3) 作业计划的作用

① 施工作业进度计划是对单位工程进度计划目标分解后的计划，可按分项工程或工序为单元进行编制。

② 作业计划编制前要对施工现场条件、作业面现状、人力资源配备、物资供应状况、技术能力情况和资金供给的可能性等做充分的了解，并对执行中可能遇到的问题及其解决的途径提出对策，因而作业计划具有更强的可操作性。

③ 作业计划编制时已充分考虑了工作间的衔接关系，客观地反映了施工顺序的安排，符合工艺技术规律。

④ 作业计划的表达单位应是形象进度的实物工程量，表达形式宜为横道图计划。

⑤ 作业进度计划分为月计划、旬（周）计划、日计划三个层次。

（二）施工进度计划表达方法

本节介绍施工进度计划表达的两种主要方法——横道图计划和网络计划，通过学习可以提高计划编制的技能，以利在实践中应用。

施工进度计划表示方法

用文字说明、列出表格、以流水作业图表、画横道图或网络图都能表示安装工程进度计划，但图示的进度计划直观清晰。横道图和网络图适用于项目的总进度计划或单位工程、分部、分项工程进度计划的描述，根据工作内容划分的粗细，可用时段为年、季、月、旬、周、日来反映计划的进展程度，而流水作业图表适用于组织流水施工的安装工程作业计划的安排，以时段为周、日表示为宜。

(1) 横道图计划绘制

横道图是反映施工与时间关系的进度图表，其特点是简单、明了、容易掌握，便于检查和计算生产要素（资源）需求状况，所以自 19 世纪中叶由美国人甘特（H·L·Cantt）首先创用后一直沿用至今，因而横道图又称甘特图。

1) 绘制步骤

① 分析安装对象的性质，以专业或工序划分工作内容。

② 依据安装工艺规律确定各专业或工序的前后衔接关系。

③ 在总工期或上一级进度计划（譬如月计划要服从年或季计划安排）控制下，安排各工作内容的完成时间，从而作为生产要素（资源）配置数量的依据。

④ 绘制横道图。

2) 绘制举例

① 案例背景

有一大楼的低压配电间，共有 20 台配电柜，其安装工序为盘柜组立、硬母线安装、内部接线检查、外部接线、试验整定、通电试运行,共有 6 个工序,作横道图计划如下。

② 作图见图 3-1。

工作序号	工作名称	工作时间(天)	施工进度																
			1	2	3	4	5	6	7	8	9	10	11	12	13	14	15	16	17	18
1	盘柜组立	3																		
2	硬母线安装	3																		
3	内部接线检查	4																		
4	外部接线	2																		
5	试验整定	2																		
6	通电试运行	2																		

图 3-1 低压配电间电气施工作业计划

③ 说明

该计划的安排要与单位工程施工进度计划相衔接,即符合其总体计划要求。作业计划是按依次作业安排的,如资源供给充实,还可安排成有搭接作业的计划,使工期缩短。

(2) 网络图计划绘制

网络图计划有单代号网络图计划、双代号网络图计划、搭接网络图计划等,其基本原理称统筹法。统筹法是应用网络图形来表达一项工程建设计划各项工作的开展顺序及其相互间的关系,通过时间参数计算,找出关键工作和关键线路,并通过优化,寻找计划的最佳方案,同时网络计划也便于在执行中对计划的监督,保证合理地使用人力、物力和财力,以最小的消耗取得最大的经济效果。目前已有不少计算机软件在工程建设领域推广网络计划的绘制和执行中的控制,使网络计划不便于计算资源消耗量的缺点得以日益改进和克服。现以双代号网络计划为例介绍施工进度计划的编制方法。

1) 网络图的三要素

双代号网络图由工作、节点、线路三个基本要素组成。

① 工作(也称过程、活动、工序)

工作就是按计划安排的粗细程度来划分的施工活动。例如安装工程总体网络图(较粗的计划)把机械设备安装、管道安装、通风与空调安装各看作为一个工作,而作业计划的网络图(较细的计划)把电气工程中配管、穿线、装开关、装灯具各自看作为一个工作。工作是要消耗时间和资源的。在网络图中工作用箭线表示,箭线的两端有节点,箭尾的节点表示工作开始、箭头的节点表示工作结束。箭线的上部标有工作名称,下部标有消耗的时间或资源数值,如图 3-2 所示。

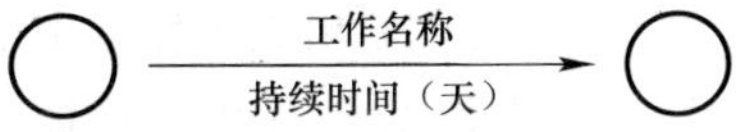

图 3-2 工作的表示

工作通常分为两种，要消耗时间和资源或仅消耗时间的工作称实工作，用实箭线表示；既不消耗时间又不消耗资源仅表示相邻工作间的前后逻辑关系的工作称虚工作，用虚箭线表示。

② 节点

除前述工作两端都有节点的含义外，网络图中各项工作的交汇处都有节点，用圆圈表示，只有该节点前面工作都结束后，才可能使该节点后面的工作开始，节点仅是一个时间的瞬间，不消耗时间和资源。在一个网络图中只有一个仅发出箭线不接受箭线的开始（起始）节点，也只有一个仅接受箭线不发出箭线的完成（终点）节点。节点有编号，编号可用数字、字码、天干、地支等，但有一个原则，自网络图起点到终点的所有节点编号顺序要符合自然顺序，即每个工作的箭尾节点编号在自然顺序上要先于箭头节点的编号。同一张网络图的节点不应有重号。

③ 线路

是指自网络图起始节点开始，沿着箭线所指方向，通过一系列箭线和节点，到达终点节点，有着多种路径，称为线路，费时最长的线路称为关键线路，关键线路上的工作称为关键工作。要注意一张网络计划图上不仅仅有一条关键线路，有可能有多条关键线路。

④ 网络图中工作之间的关系

紧邻工作箭尾节点前的工作，称该工作的紧前工作。

紧邻工作箭头节点后的工作，称该工作的紧后工作。

有着共同箭尾节点的工作，称平行工作，如图 3-3 所示。

工作 $i\text{-}j$ 是工作 $j\text{-}x$、$j\text{-}k$、$j\text{-}y$ 的紧前工作。

工作 $j\text{-}k$ 是工作 $k\text{-}l$ 的紧前工作。

工作 $j\text{-}x$、$j\text{-}k$、$j\text{-}y$ 是工作 $i\text{-}j$ 的紧后工作。

工作 $k\text{-}l$ 是工作 $j\text{-}k$ 的紧后工作。

工作 $j\text{-}x$、$j\text{-}k$、$j\text{-}y$ 间称平行工作。

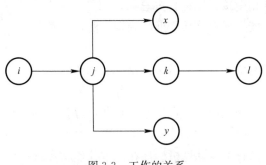

图 3-3 工作的关系

2）绘制原则

① 正确地表达工作之间的相互依赖和相互制约关系，即逻辑关系要正确。

例 1：有 A、B、C 三项工作，只有工作 A 完成后，工作 B 和 C 才能开始，表示为图 3-4。

例 2：有 A、B、C 三项工作，只有工作 A 和 B 完成后，工作 C 才能开始，表示为图 3-5。

例 3：有 A、B、C、D、E 五项工作，只有工作 A、B、C 完成后，工作 D 才能开始；只有工作 B、C 完成后，工作 E 才能开始，表示为图 3-6。

这里可以看出虚工作（虚箭线）的作用，因工作 E 与工作 A 间无制约关系，而工作 B、C 与工作 D 间有制约关系，用虚箭线隔断，则使逻辑关系符合要求，所以这种方法称断路法。

三、施工进度计划　　31

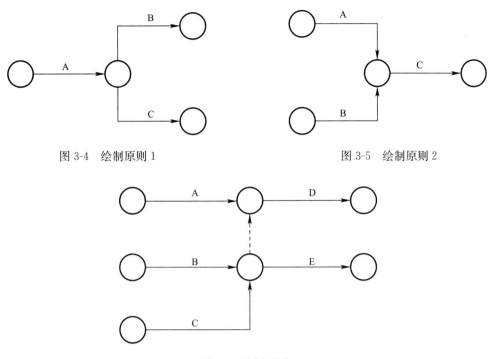

图 3-4　绘制原则 1　　　　　　　　图 3-5　绘制原则 2

图 3-6　绘制原则 3

② 网络图中不应出现循环回路，即从图中任何一个节点出发，沿箭线前进，经若干个节点和箭线，不应回到出发的节点。

③ 在网络图中不应出现重复编号的节点和工作。

④ 在网络图中不应出现无箭尾节点或无箭头节点的工作。

3）网络图绘制图面要求

① 注意图面布局清楚合理、重点突出，尽量把关键线路布置在图的中心位置，尽量减少斜箭线，多采用水平箭线，避免交叉箭线的出现。

② 出现不可避免的交叉箭线时，以图 3-7 所示的方法处理。

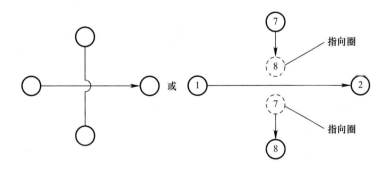

图 3-7　交叉的表示

4）网络图的绘制步骤

① 分析安装对象的性质，列出工作内容。

② 确定各工作之间的相互制约和相互依赖关系。

③ 计算每件工作所需工作天数。

一张完整的网络计划如图 3-8 所示，双线的线路表示关键线路。

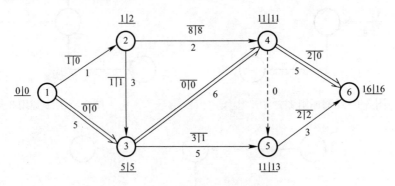

图 3-8 典型的网络图

5) 网络计划图检查调整

网络计划图绘制后，可以进行时间参数计算和优化，以及在实施中进行检查和调整，可以参阅中华人民共和国行业标准《工程网络计划技术规程》JGJ/T 121。

（三）施工进度的检查与调整

本节对进度控制的原理和基本方法作出介绍，并对横道图计划和网络图计划的实施中的检查要点以及发现进度偏差后的处置原则作出说明，通过学习便于实践中应用。

1. 进度控制的原理和方法

（1）基本原理

进度控制的目的是在进度计划预期目标引导下，对实际进度进行合理调节，以使实际进度符合目标要求，因此进度控制受以下原理支配。

1) 动态控制原理。按计划进度执行的结果就是实际进度，而整个执行过程中，计划与实际两者有时吻合，有时偏离，是一个动态过程。所以对进度的控制也是要随着偏离不断出现而及时调节的一个动态过程，尽量使实际进度的全程演变与计划进度多点重合而基本吻合。

2) 系统原理。进度计划由项目的总进度计划、单位工程进度计划，甚至还有分部分项工程进度计划，辅之以年、季、月、旬和周作业计划等组成一个完整的计划系统。而实施进度计划的施工活动又涉及由项目领导层、项目管理层（包括专业岗位管理人员在内）的各级管理人员，以及作业队组的作业人员等组成的一个完整的组织系统。同样理由，进度控制也是由各个层面的人员负责不同层次的进度控制而形成一个进度控制的组织系统。而实施进度控制必然会涉及人力资源、工程设备、材料、施工机械、施工技术、资金组成的资源系统的调节。客观存在的系统，就要求用系统原理来实施控制进度，不能只顾某一环节而失却全局控制。

3) 信息反馈原理。就是把实际进度和计划进度间的偏离正确反映出来，这种偏离可能是零可能是正或负，要根据需要实时或定时反馈给各个层面的进度控制责任人员，直至项目领导层，以供分析比较，做出调节的决策，使进度目标符合预期要求。没有正确及时的信息反馈，则无法进行进度控制。

4）弹性原理。施工项目工期长、影响进度的因素多，而影响因素中含有不被掌握的成分，所以制定进度目标时有一定的风险。为了规避风险，制定计划进度时要留有余地，使计划进度具有弹性。进度控制时要充分利用这些弹性，缩短某些工作的施工时间，减少进度计划执行的偏离程度，使之符合预期目标，这就是进度控制中弹性原理的应用。

5）循环原理。进度控制就是进行计划、实施、检查、比较分析、确定调整措施、再进行计划的一个循环过程，这个过程属于闭环控制过程，使计划执行的偏离降至最低程度。

(2) 基本方法

基本方法是对基本原理的全面应用。

1）应用循环原理进行进度计划的编制、实施、检查和调整。就是管理的普遍规律P、D、C、A的应用，从计划系统的观点出发，P、D、C、A的循环是大环套小环，即循环的周期从总进度计划始至年、季、月、旬或周计划止，是越来越短，唯有这样，才能保证工期目标的实现。

2）应用系统原理落实项目部各个层面的管理人员和作业人员对进度计划编制、实施、检查和调整的责任，做到层层落实，不留空隙，使进度在有效控制下向前推进。同时为了准确合理地纠正计划与实际的进度偏离，在调整时要启动资源的科学配置。

3）应用动态控制原理和信息反馈原理展开进度计划执行状况的检查，即检查要与实施同步进行，检查的结果要有实时性，反馈的信息要有正确性，这样可以防止发生进度计划执行的重大偏离现象，也可避免项目领导层调整进度计划决策的失误或调整的时延过长。

4）应用弹性原理将进度计划中盈余时间合理充分利用，调整工序间可调整的搭接关系或加大工作面上资源投放强度，以充分发挥计划弹性的作用。在编制某个工作或工序的作业计划时，该工作或工序所耗用的日历天尽量不要迫近其工艺所允许的最少时间，如混凝土凝固时间、油漆干燥时间、试运转规定时间、管道系统试压时排气时间、风管的漏光检测时间等，这样安排可使计划更富有弹性。

2. 影响进度的因素分析

影响安装工程进度的因素有建设项目内部和外部两个方面。

(1) 建设项目内部

1）土建工期的延误。不论工业或民用安装项目，土建工程先行是一个客观规律，土建工程包括装饰工程在内，只要工期延误，必然影响安装工程如期完成。

2）业主资金不到位。资金不足，不能如期支付，也不能确保工程设备、材料的如期供给，也延误合同约定的工程款支付，势必影响进度的正常推进。

3）施工方法失误。由于施工方案中的施工方法不当，造成质量事故或安全事故，如性质严重，会导致返工重做，也会影响进度计划的执行。

4) 施工组织管理不力。施工组织不合理、规划不善、管理混乱、资源得不到科学调度、施工中发现的问题不能及时处置，必然使施工进度失却有效控制。

5) 各专业分包单位不能如期履行分包合同。一个安装工程项目往往由安装总包单位带领多个专业分包单位共同完成工程建设，只要其中一个专业分包单位违约耽误工期，就无法组织工程总体验收，导致总工期目标无法实现，所以加强总包对专业分包的管理至关重要。

(2) 建设项目外部

1) 政府对建设的宏观调控。政府据以宏观考虑，依法对有些项目建设发出放缓进度的指令，有的要停建或缓建。

2) 设备、材料供应商违约不能如期供货。

3) 水、电、气等能源供给单位不能如期接通供应，或供给不能满足需要导致试运转无法按计划执行。

4) 施工设计图纸不能按计划供给或施工设计作出重大修改。

5) 意外事件的出现。主要指自然灾害，如水灾、风灾、暴雨、地震等对工程建设的侵害而造成进度的延误。

3. 施工进度计划实施中的检查

依据施工进度计划做好实际进度的统计，是进度检查，判定进度计划实施中有无偏差的基础工作，因而要及时、真实、正确地对房屋建筑安装工程各专业的施工进度进行统计。

(1) 横道图计划的进度检查

将表示计划进度的线段长度与表示实际进度的线段长度对比就可得出结论，若两者的长度相等，说明施工进度符合进度计划安排，无偏差；若施工进度的线段长度长于计划进度线段长度，说明施工进度滞后于计划进度要求而多用了时间完成该项工作，出现了负向偏差，进度滞后于计划安排；若施工进度的线段长度短于计划进度线段长度，说明施工进度提前于计划进度要求而少用了时间完成该项工作，出现了正向偏差，进度超前于计划安排。

(2) 网络图计划检查方法

1) 列表比较法。

2) 前锋线比较法。

3) "香蕉"形曲线比较法。

4. 发现进度有偏差后的处置

施工进度计划与实施间发生差异是经常性的正常现象，采取正确的对策是消除差异的关键。

(1) 发现进度差异后，先要识别差异的程度和性质，若差异不大，不涉及生产资源的调整，且作业队组在后续施工中能自行纠正差异，则施工员就不必进行干预。如差异较大，不论差异的方向是正向或负向，均已影响整个进度计划均衡向前推进，且不调整生产资源配置，单靠作业队组已无法纠正，则施工员要干预进度差异的纠正。

（2）施工员决定对进度计划与实际的差异进行干预前，要认真分析出现差异的原因，尤其对实际进度落后于计划进度的原因要判断准确，才能采取有效的措施进行调整，以消除差异。虽然本节对影响进度的因素进行了分析，可以参照判断，但事物是复杂的，不要忘了例外原则。

（3）如进度差异的原因是客观条件发生非预期的变化，例如施工设计作出重大修改，土建工程进度推迟导致安装工程无法全面开工等，唯有对进度计划在保证总工期的前提下作出一定范围内的调整。如由于生产资源配置不足造成进度延误滞后，施工员先要在授权范围内平衡调度，力求使作业队组在后续施工中把进度赶上来，若仍不能满足需要，应及时向项目领导层反映，取得支持使进度差异顺利得到纠正。

（4）如由于安装各专业间协调不当，尤其是主导专业与公用专业间的衔接脱节导致施工进度延误滞后，则先应在相关专业施工员间互相协调，妥善处理，使之合理地消除进度差异。若各专业施工员间在协商中对纠正进度差异的措施不能达成共识，应共同及时向项目的领导层反映，谋求裁定，不使延误的进度失去纠正的最佳时机和措施。这里所说主导专业是指水、电、风专业作业，公用专业是指起重吊装、焊接、油漆绝热等专业作业。

（5）进度计划调整的方法有：
1）压缩或延长工作持续时间；
2）增强或减弱资源供应强度；
3）改变作业组织形式；
4）在不违反工艺规律的情况下改变专业或工序衔接关系；
5）修正施工方案。

四、环境与职业健康安全管理

本章对房屋建筑设备安装工程施工现场的环境管理和职业健康安全管理的要求作出介绍,通过学习可以对按国际标准建立的施工现场环境和职业健康安全管理体系有一个概略的认识。

(一)概　　述

本节对施工现场环境和安全管理的基本要求及建筑设备安装工程的相关管理特点作出说明。

1. 施工现场管理的基本要求

(1) 采用风险管理的理念,实行组织、识别、控制和信息反馈等各个环节的全方位、全过程的管理。

(2) 坚持"安全第一、预防为主、综合治理"的方针。

(3) 在管理实施中坚持"以人为本、风险化减、全员参与、管理者承诺、持续改进"的理念。

(4) 把目标和承诺依靠组织结构体系分解成层层可操作的活动,并用书面文件说明操作的程序和预期的结果。

(5) 制定的施工现场职业健康、安全和环境管理的计划,要经监理审核,并报业主确认后方可实施。

(6) 项目经理是职业健康安全环境风险管理组的第一责任人,负有建立管理体系、提出目标或确定目标、建立完善体系(程序)文件的责任,并在实施中进行持续改进。

2. 施工现场环境管理的要点

本要点是结合建筑设备安装工程施工产生的对环境有影响的有害物质而说明的重点或特点。

(1) 水污染源

1) 生活污水,含食堂、浴池、厕所等产生的污水。

2) 施工生产污水,含给水管道消毒用污水,管道冲洗污水,锅炉煮炉污水,管道内防腐涂膜污水,机械设备试运转油水混合污水等。

(2) 气体污染源

1) 电焊的烟气。

2) 气焊、气割烟气。

3) 施工产生的粉尘(剔凿建筑物产生)。

4) 金属除锈的粉尘。

5) 保温或保冷作业产生的纤维状粉尘。

6) 施工用燃油机械的尾气等。

(3) 噪声污染源

施工机械的噪声：含空压机、风机、电锯、砂轮切割机、角向磨光机、除锈机、冲击钻等。

(4) 光污染源

1) 电焊的弧光。

2) 夜间施工的强光照明。

(5) 固体废弃物污染源

主要指施工中产生的废料或不能再用的零料等。

上述五类主要污染源在不同工程项目中发生的量是不同的，施工项目经理部要进行识别后制定方案采取有针对性的措施予以防治。

3. 施工现场安全管理的重点

(1) 施工现场的平面布置

1) 易燃易爆的油料和油漆仓库的设置应符合规定要求，并有明显标识。

2) 氧气、乙炔瓶等气瓶存贮位置应符合相关规定。

3) 现场加工场地的机床或加工机械布置要有规定的安全距离，并留有检修维护空间。

4) 配置必要的消防设施，保持其器材处于完好状态。

5) 施工用电的布设要符合相关规范的规定。

(2) 施工作业的安全管理重点

1) 高空作业

要从作业人员的身体健康状况和配备必要的防护设施两方面入手加强安全管理。

2) 施工机械机具的操作

要从保持机械、机具的完好状态，完备的操作使用规程，需持证上岗的人员三方面入手加强安全管理。

3) 起重吊装作业

要从起重吊装机械及索具的合格判定、施工方案的审定和特种作业人员持证上岗入手加强安全管理。

4) 动火作业

要从保持消防设施完好、办理动火证制度、易燃易爆场所动火作业有人监护等入手加强安全管理。

5) 在容器内作业

要从加强通风、进入容器前先分析容器内气体、作业照明用安全电压、焊接或气割有专人监护等各方面入手加强安全管理。

6) 带电调试作业

要从严格执行操作规程和配备必要的个人安全防护用具、有明确的作业指导书和负责的监护行为等入手加强安全管理。

7) 无损探伤作业

要从坚持作业人员持证上岗、作业时间安排、作业区域标识清楚等方面入手加强安全管理。

8) 管道、设备的试压、冲洗、消毒作业

要从完善施工方案、危险区域标识清楚、指示仪表正确有效、个人防护用品齐全等方面入手加强安全管理。

9) 单机试运转和联动试运转

要从完善试运转方案、做到明确分工、有应急预案等方面入手加强安全管理。

（二）文明施工和环境保护

本节从管理角度出发，对属于通用知识的项目管理章所述施工现场的文明施工和环境保护原则作进一步的阐述，冀希加深理解。

1. 文明施工要求

（1）现场道路的设置

1）场区道路设置人行通道，且有标识。

2）消防通道形成环形，宽度不小于 3.5m。

3）临街处设立围挡。

4）所有临时楼梯有扶手和安全护栏。

5）所有设备吊装区设立警戒线，且标识清晰。

（2）材料管理

1）库房内材料要分类码放整齐，限宽限高，上架入箱，标识齐全。

2）库房应保持干燥清洁、通风良好。

3）易燃易爆及有毒有害物品仓库按规定距离单独设立，且远离生活区和施工区，有专人保管。

4）材料堆场场地平整，尽可能做硬化处理，排水通畅，堆场清洁卫生，方便车辆运输。

5）配有消防器材。

（3）施工机具管理

1）手动施工机具（如手拉葫芦、千斤顶等）和较大的施工机械（如卷扬机、电焊机等）出库前保养完好并分类整齐排放在室内。

2）机动车辆（如吊车、叉车、汽车等）应停放在规划的停车场内，不应挤占施工通道。

3）所有施工机械要按规定定期维护保养，保持性能处于完好状态，且外观整洁。

（4）场容管理

1）建立文明施工责任制，划分区域，明确管理负责人。

2）施工地点和周围清洁整齐，做到随时清理、工完场清。
3）严格执行成品保护措施。
4）施工现场不随意堆垃圾，要按规划地点分类堆放，定期清理，并按规定分类处理。
（5）规范施工人员行为

主要是制定措施、规范施工人员的语言及行为、提高自身素质、构建内部和谐气氛、提高对外沟通水平和质量，以达到提升施工单位外在形象的目的。

2. 环境保护措施

在对房屋建筑安装工程中产生的环境污染源识别后，应按以下程序采取措施。
（1）对确定的重要环境因素制定目标、指标及管理方案。
（2）明确相关岗位人员和管理人员的职责。
（3）建立对施工现场环境保护的制度。
（4）按照有关标准要求实施对重要环境因素的预防和控制。
（5）建立应急准备与相应的管理制度。
（6）对分包方及其他相关方提出保护环境的要求及控制措施。
（7）实行施工中环境保护要求的交底，可以与技术交底同时进行。
（8）建立环境保护信息沟通渠道，实施有效监督，做到施工全过程监控，鼓励社会监督。

3. 环境事故的处理

（1）环境事故的形成是指非预期的因施工发生事故或者其他突发事件，造成或者可能造成污染的事故，如给水管道消毒中发生消毒水大量泄漏或使用的氯气钢瓶氯气外溢等。
（2）发生事故后的处置
1）按应急预案立即采取措施处理，防止事故扩大或发生次生灾害。
2）及时通报可能受到污染危害的单位和居民。
3）向企业或工程所在地环境保护行政主管部门或建设行政主管部门报告。
4）暂停相关施工作业，保护好事故现场。
5）积极接受事故调查处理。

（三）危险源识别和应急预案

本节对施工安全风险的识别（即危险源识别）及判定级别和应急预案编制方法作原则性的介绍，以便在实践中应用。

1. 对施工环境条件的识别

对施工现场环境条件的识别，从安全控制要求出发，即是对施工现场影响安全的危险源的识别。
（1）施工现场危险源的范围
1）工作场所（包括临时的和永久性的两类）。

2) 所进入施工现场人员（包括外来人员）的活动。

3) 项目部使用的和相关方使用的施工机械设备。

4) 临时用电设施和消防设施等。

5) 作业环境。

6) 作业人员的劳动强度。

7) 其他特殊的作业状况。

(2) 危险源的种类

1) 第一种，是指施工过程中存在的可能发生意外能量释放（如爆炸、火灾、触电、辐射）而造成伤亡事故的能量和危险物质。包括机械伤害、电能伤害、热能伤害、光能伤害、化学物质伤害、放射和生物伤害等。

2) 第二种，是指导致能量或危险物质的约束或限制措施被破坏或失效的各种因素，其中包括机械设备、装置、原件、部件等性能退化而不能实现预定功能，即是发生物的不安全状态；也包括人的偏离标准要求的不安全行为；还包括由于环境问题促使人的失误或物的故障发生。

(3) 危险源识别的方法

1) 直观经验法识别危险源，凭人的经验和判断力对施工环境、施工工艺、施工机械、作业人员和安全管理状况等进行识别和判断，从而作出评价。施工现场经常使用该方法。

2) 安全检查表（SCL）法。

3) 作业条件危险性评价法（详见相应标准）。

根据经验，危险等级划分如表 4-1 所示。

危险等级划分表　　　　　　　表 4-1

分值	危险程度	分值	危险程度
>320	极其危险，不可能继续作业	20～70	一般危险，需要注意
160～320	高度危险，要立即整改	<20	稍有危险，可以接受
70～160	显著危险，需要整改		

2. 危险源评估和风险管理策划

该段主要对环境影响的风险作出评估。

(1) 风险的识别

1) 施工活动的分解

对某项施工主要活动进行详细的工作步骤分解，如地下室通风管组装并整段吊装，编制出各个作业工序的活动表，内容应包括作业环境条件、采用的施工机械、施工的方法、作业人员的配置、施工的程序安排、类似工程中发生过事故的信息。

2) 风险的评估

项目部组织安全、施工、技术等部门人员参加的风险管理组，并邀请有经验的作业人员参加对各工序活动的风险进行评估识别。风险识别有三种时态、三种状态和七种类型。

① 三种时态，主要指施工作业中对环境影响的评估识别。

三种时态分为过去、现在和将来。要求在评估时，施工活动对现有的环境污染要充分识别外，也要注意到以往遗留下的环境问题，同时还要考虑现在的施工活动对将来的环境影响。

② 三种状态，主要有正常状态、异常状态和紧急状态。

A. 正常状态，是指施工活动正常情况下对安全和环境影响的程度。

B. 异常状态，是指设备试运行或突然停水、停电、停机的情况下对安全和环境影响的程度。

C. 紧急状态，是指合理预见情况下，如试压时管道泄漏、用火不慎发生火灾、雷击等情况下对安全和环境影响的程度。

③ 七种类型，是指对环境影响的表现，分别为：大气排放、水体排放、固体废物处理、土壤污染对社区影响、自然资源消耗、其他地方性环境影响。

3）判定风险级别

① 风险级别一般分为五级：

A. Ⅰ级为可忽略的风险。

B. Ⅱ级为可容许的风险。

C. Ⅲ级为中度风险。

D. Ⅳ级为重大风险。

E. Ⅴ级为不容许的风险。

② 判断将来计划的或现有的职业健康、安全与环境管理预防措施能否足以把风险控制住，并削减为可容许的风险，同时又能符合法律法规及相关项目的方针目标要求。所谓可容许的风险是指此风险已降至可接受的最低水平。

（2）风险管理的策划

1）项目经理部风险管理组负责对已识别的风险，尤其是对不可接受的职业健康、安全和环境风险要采取措施，包括预防和削减措施。

2）项目经理部风险管理组风险管理策划的结果，要提出有针对性的应急预案，并对相关施工技术方案提出补充修正意见。

3. 应急预案的内容和实施要点

（1）应急预案的主要内容

1）应急组织和相应职责。

2）可依托的社会力量（如消防、医疗卫生等部门）及其救援和联络程序。

3）内部、外部信息沟通方式。

4）发生事故时应采取的有效措施。

5）应急避险的行动程序，包括撤离逃生的路径。

6）应急预案的培训程序。

（2）应急预案的实施要点

1）应急预案的宣告

① 应急预案需经项目经理审核批准，并报上级应急机构备案。

②张贴应急反应须知,包括紧急电话号码、撤离线路、集中地点等。

③对应急预案定期演练及检查,检查的主要内容为:通信系统的情况是否正常、各种救护设施是否齐全有效、撤离步骤是否适宜、事故处置人员能否及时到位等。

2) 应急反应的实施原则

① 避免死亡。

② 保护人员不受伤害。

③ 避免或降低环境污染。

④ 保护设备、设施或其他财产避免和减少损失。

(四) 安全事故的分类和处理

本节对安全事故的分类和发生安全事故后的处置及事故调查和事故原因分析作出介绍,以利实践中能正确执行。

1. 工伤事故的类别

职工因工伤亡的事故类别是根据导致事故发生的物体、物质——即起因物来确定。按照《企业职工伤亡事故分类标准》GB 6441—86 规定,因工伤亡事故可分为 20 类:

(1) 物体打击指物体在外力或重力作用下运动,打击人体造成的伤害;

(2) 车辆伤害指企业机动车辆引起的伤害;

(3) 机械伤害指机械设备、工具、工件直接与人体接触造成的伤害,起重机械、车辆引起的伤害除外;

(4) 起重伤害指各种起重作业发生的伤害;

(5) 灼烫指火烧伤、高温烫伤、光灼伤以及化学物质作用于体表的急性损伤,包括酸、碱及其他化学品烧伤;

(6) 火灾指企业发生的造成职工伤亡的火灾事故;

(7) 触电伤害指电流通过人体或带电体与人体间发生放电造成的伤害;

(8) 淹溺指各种作业中落水及透水引起的溺水伤害,矿山井下透水除外;

(9) 高处坠落指高处作业中发生坠落造成的伤害;

(10) 坍塌指物体在外力或重力作用下,超过自身稳定极限,或因结构稳定性破坏造成的伤害;

(11) 冒顶片帮指矿井中由于支护不当或地压作用造成的坍塌伤害,侧壁塌落为片帮,顶板垮落为冒顶,二者同时发生为冒顶片帮;

(12) 透水指采矿中地表水或地下水突然涌入矿井、坑道造成的伤害;

(13) 放炮指爆破过程中发生的伤亡事故及由此而引起的急性中毒事故;

(14) 火药爆炸指火药、炸药及其制品在生产、加工、运输、储存、使用、销毁过程中引起的爆炸伤害事故,爆破工程除外;

(15) 瓦斯煤尘爆炸指矿山井下瓦斯(主要成分为沼气)遇火引起的爆炸及悬浮于井下空气中一定浓度的煤尘遇火发生的爆炸伤害;

(16) 锅炉爆炸；

(17) 容器爆炸；

(18) 煤与瓦斯突出指煤矿开采或坑道作业时，在短暂时间内，从煤体、围岩中突然放出大量瓦斯，或突然压出大量煤和（或）瓦斯的伤害事故；

(19) 中毒和窒息指职工在劳动过程中职业性毒物进入人体导致急性中毒、窒息性中毒或缺氧窒息性伤害；

(20) 其他伤害指上述19类中不包括的职业伤害，如冻伤、摔伤、扭伤、挫伤、动物咬伤、非机动车碰伤、中暑等。

起因物是指导致事故发生的物体和物质，施害物是指直接引起伤害及中毒的物体或物质。事故类别是根据导致事故发生的起因物来确定的，而不是依据施害物来确定的。例如，某企业贮存氯气的容器爆炸，氯气外泄而导致一起中毒事故，在这起事故中，导致事故发生的起因物是容器爆炸，直接引起中毒的施害物是氯气，这起事故的事故类别应当统计为容器爆炸，而不能归于中毒。又如，某企业的一台砂轮机防护罩不全，砂轮破碎，砂轮碎片将一人击死。这起事故之所以能死人，是由于砂轮破碎，碎片飞出击中人体。但砂轮碎片只是施害物，而造成事故的主要原因是砂轮机护罩不全，砂轮破碎（均属机械范畴）。所以在统计时，这起事故的事故类别只能定为机械伤害，而不能定为物体打击。

2. 工伤事故类别确定原则

在具体划分事故类别时可能出现许多具体情况，只要按照如下原则进行，问题就可以迎刃而解。

（1）要着重考虑导致事故发生的起因物方面因素。例如，因触电而发生坠落导致死亡，起因物方面的因素是触电，因此该事故应确定为触电伤害。

（2）一次事故中同时存在两个或两个以上直接原因，应以先发的、诱导性的原因作为确定事故类别的主要依据。例如，化工厂发生火灾，引起了烧伤和中毒。先发的诱导性原因是着火，应定为火灾。

（3）突出事故的专业特性。例如，起重伤害，凡是起重作业（安装、调试、检修、操作等）中发生的各种伤害，包括机械伤害、物体打击、触电伤害、高处坠落等，均归为起重伤害。

3. 发生工伤事故后处理的程序

（1）事故报告基本程序

在通常情况下，企业发生伤亡事故，负伤人员或最先发现者应立即报告班组长，班组长应立即报告项目经理或项目负责人，项目经理或项目负责人应立即报告上级和安全管理部门，安全管理部门应立即报告企业负责人。在紧急情况下，为了不耽误抢救时机，应迅速报告企业负责人或有关部门，以便采取应急措施，减少伤亡事故的严重程度。

（2）按伤害程度报告程序如下

1）轻伤事故

在逐级报告（负伤人员或最先发现者—班组长—项目经理—企业安全管理部门—企业

负责人）的同时，项目部填写"伤亡事故登记表"一式两份，报企业安全管理部门一份，项目部自存一份，填报时间最迟不能晚于事故发生后24小时。

2）重伤事故

发生事故的项目部应立即将事故概况（包括时间、地点、受伤者姓名、年龄、工种或职务职称、受伤程度、发生事故经过和发生事故的简要原因等）用快速办法（电话、传真和电子邮件等）分别报告企业安全管理部门和企业负责人。

3）死亡事故

按照国务院第493号令《生产安全事故报告和调查处理条例》的规定，死亡事故发生后，事故现场有关人员应立即用快速办法向本单位负责人报告，单位负责人接到报告后，应当于1小时内向事故发生地县级以上人民政府安全生产监督管理部门和负有安全生产监督管理职责的有关部门报告。

情况紧急时，事故现场有关人员可以直接向事故发生地县级以上人民政府安全生产监督管理部门和负有安全生产监督管理职责的有关部门报告。

4）报告事故应包括的内容

① 事故发生单位概况；

② 事故发生的时间、地点以及事故现场情况；

③ 事故的简要经过；

④ 事故已经造成或者可能造成的伤亡人数（包括下落不明的人数）和初步的直接经济损失；

⑤ 已采取的措施；

⑥ 其他应当报告的情况；

⑦ 事故报告后出现新情况的，应当及时补报。

自事故发生之日起30日内，事故造成的伤亡人数发生变化的，应当及时补报。交通事故、火灾事故自发生之日起7日内，事故造成的伤亡人数发生变化的，应当及时补报。

(3) 事故伤害人员抢救和现场保护

1）事故发生项目负责人和事故发生单位负责人接到事故报告后，应当立即启动相关应急预案，或者采取有效措施，首先组织抢救伤员，防止事故蔓延扩大，预防二次事故的发生，减少人员伤亡和财产损失。要防止残留危险品的燃烧、爆炸，防止可燃气体、液体继续泄露挥发，形成爆炸性混合气体，防止中毒、隐燃、悬吊物塌落等。

2）事故发生后，保护事故现场设立警戒线，撤离所有无关人员，并禁止入内，需要时应断绝交通。

事故单位和人员应当妥善保护事故现场和相关证据，任何单位和个人不得破坏事故现场、毁灭相关证据。

3）因抢救人员、防止事故扩大以及疏通交通等原因，需要移动事故现场物件的，做出标志，绘制现场简图并做出书面记录，妥善保存现场重要痕迹、物证。

4. 事故调查的几个阶段

(1) 依照事故报告，按管辖权限组成事故调查组织（简称调查组）。

(2) 事故调查组主要工作内容：
1) 事故现场处理。
2) 物证搜集。
3) 事故事实材料搜集。
4) 证人材料搜集。
5) 形成事故调查记录，包括照相、录像和事故图。
6) 事故分析，包括有关材料分析、伤害分析、原因分析、责任分析等。
7) 形成事故调查报告，并提出处理建议。
(3) 提出整改措施并落实到位。
(4) 事故责任者处理。
(5) 事故结案。
(6) 事故结案材料归档。

5. 工伤事故的原因

确定事故原因是事故调查分析中最重要的环节。只有正确确定事故原因，才能汲取教训，采取有效防范措施，预防、控制事故的重复发生。但是，事故发生的机理往往很复杂，原因也有多种多样。有时某一起事故往往有多种原因，而各种原因之间又有着复杂的关联。因此分析确定事故的原因时，应先从直接原因入手，再分析找出事故的全部原因，从全部原因中分析找出起主导作用的事故原因，即是事故的主要原因。

(1) 事故直接原因，即直接导致事故发生的原因。属于下列情况者为直接原因：
1) 机械、物质或环境的不安全状态；
2) 人的不安全行为。

(2) 事故间接原因，是导致事故发生的间接原因，即不安全状态、不安全行为产生和存在的原因：
1) 技术和设计上的缺陷，工业构件、建筑物、机械设备、仪器、仪表、工艺过程、操作方法、维修检验等的设计、施工和材料存在问题；
2) 教育培训不够或未经培训，缺乏或不懂安全技术知识；
3) 劳动组织不合理；
4) 对现场工作缺乏检查或指导错误；
5) 没有安全操作规程或不健全；
6) 没有或不认真实施事故防范措施，对事故隐患整改不力。

(3) 事故主要原因，指生产管理上存在的问题导致事故发生的原因。属于下列情况者为主要原因：
1) 防护、保险、信号等装置缺乏或有缺陷；
2) 设备、工具、附件有缺陷；
3) 个人劳动防护用品、用具缺乏或有缺陷；
4) 光线不足或工作地点及通道情况不良；
5) 没有安全操作规程或不健全；

6) 劳动组织不合理;

7) 对现场工作缺乏检查或指挥有错误;

8) 技术和设计上有缺陷;

9) 不懂操作技术知识;

10) 违反操作规程或劳动纪律。

从上述所讲的情况可看出，相同原因，在不同的事故中所起的作用不同。同一种情况，既可成为某些事故的直接原因，也可成为某些事故的间接原因，又可成为某些事故的主要原因。所以，在调查分析事故时，必须针对事故的不同情况，具体分析某种因素在该事故的发生中所起的作用和地位，来正确地分析确定事故原因。

五、工程质量管理

本章就房屋建筑安装工程施工质量管理的特点、基本方法和流程作简要介绍，通过学习可以对质量管理的含义有进一步的认识。

（一）概　　述

本节对质量管理的基本概念、工程质量的特点、施工质量的影响因素及质量管理的原则作出介绍，希望通过学习，在实践中加深理解，得以提高认识和应用能力。

1. 质量管理的基本概念

（1）质量

一组固有特性满足要求的程度。"固有特性"是指在某事或某物中本来就有的，尤其是那种永久的特性。

质量一般包括"明确要求的质量"和"隐含要求的质量"。"明确要求的质量"是指用户明确提出的要求或需要，通常通过合同及标准、规范、图纸、技术文件作出明文规定；"隐含要求的质量"是指用户未提出或未明确提出要求，而由生产企业通过市场调研进行识别与探明的要求或需要，这是用户或社会对产品服务的期望，也就是人们所公认的，不言而喻的那些需要。

（2）产品

一组将输入转化为输出的相互关联或相互作用的活动的结果。

产品分为有形产品和无形产品。有形产品是经过加工的成品、半成品、零部件。如设备、预制构件、建筑工程等，无形产品包括各种形式的服务，如运输、维修等。

（3）产品质量

产品满足人们在生产和生活中所需的使用价值及其属性。它们体现为产品的内在和外现的各种质量指标。

根据质量的定义，可以从两方面理解产品质量。

1）产品质量好坏和高低是根据产品所具备的质量特性能否满足人们需要及满足程度来衡量的。一般有形产品的质量特征主要包括：性能、寿命、可靠性、安全性、经济性等。无形产品特性强调及时、准确、圆满与友好等。

2）产品质量具有相对性。即一方面，对有关产品所规定的要求及标准、规定等因时而异，会随时间、条件而变化；另一方面，满足期望的程度由于用户需求程度不同，因人而异。

(4) 质量管理

在质量方面指挥、控制、组织和协调的活动。通常包括制定质量方针和质量目标以及质量策划、质量控制、质量保证和质量改进。

质量策划是指致力于制定质量目标并规定必要的运行过程和相关资源以实现质量目标；质量控制是指致力于满足质量要求；质量保证是指致力于提供质量要求会得到满足的信任；质量改进是指致力于增强满足质量要求的能力。

(5) 质量检验

对实体的一个或多个质量特性进行的测量、检查、试验或度量并将结果与规定质量要求进行比较，以确定每项质量特性符合规定质量标准要求情况所进行的活动。

2. ISO9000 族标准的八项质量管理原则

ISO/TC176 吸纳国际上最受尊敬的质量管理专家的意见，整理并编撰出八项质量管理原则。八项质量管理原则是质量管理实践经验和理论的总结，是质量管理最基本、最通用的一般性规律。

(1) 原则一：以顾客为关注焦点——组织依存于顾客。因此，组织应当理解顾客当前和未来的需求，满足顾客要求并争取超越顾客期望。

(2) 原则二：领导作用——领导者确立组织统一的宗旨及方向。他们应当创造并保持使员工能够充分参与实现组织目标的内部环境。

(3) 原则三：全员参与——各级人员是组织之本，只有他们充分参与，才能使他们的才干为组织带来收益。

(4) 原则四：过程方法——将活动和相关的资源作为过程进行管理，可以高效地得到期望的结果。

(5) 原则五：管理的系统方法——将相互关联的过程作为系统加以识别、理解和管理，有助于提高实现目标的有效性和效率。

(6) 原则六：持续改进——持续改进总体业绩是组织的永恒目标。

(7) 原则七：基于事实的决策方法——有效决策应建立在数据和信息分析的基础上。

(8) 原则八：与供方互利的关系——组织与供方是相互依存的，互利的关系可增强双方创造价值的能力。

3. 施工项目质量管理特点和原则

(1) 特点

1) 影响质量的因素多。如设计、材料、机械、地形、地质、水文、气象、施工工艺、操作方法、技术措施、管理制度等，均直接影响施工项目的质量。

2) 容易产生质量变异。

3) 易产生第一、第二判断错误。

4) 质量检查不能解体、拆卸。

5) 质量易受投资、进度制约。

(2) 原则

在进行施工项目质量控制过程中,应遵循以下几个原则:

1) 坚持质量第一,用户至上。

2) 以人为核心。人是质量的创造者,质量控制必须"以人为核心",把人作为控制的动力,调动人的积极性、创造性、增强人的责任感,树立"质量第一"观念,提高人的素质,避免人的失误,以人的工作质量保工序质量、保工程质量。

3) 以预防为主。预防为主,就是要从对质量的事后检查把关,转向对质量的事前控制、事中控制,从对产品质量的检查,转向对工作质量的检查,对工序质量的检查,对中间产品的质量检查。这是确保施工项目质量的有效措施。

4) 坚持质量标准、严格检查,一切用数据说话。

5) 贯彻科学、公正、守法的职业规范。

4. 影响工程质量的因素

(1) 影响施工项目质量的因素主要有五大方面,即 4M1E,指人(Man)、材料(Material)、机械(Machine)、方法(Method)和环境(Environment),如图 5-1 所示。事前对这五方面的因素严加控制,是保证施工项目质量的关键。

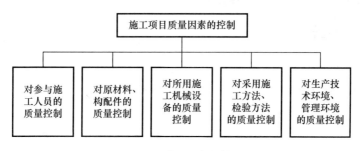

图 5-1 质量因素的控制

(2) 质量影响因素的控制要从投入的原材料开始,直到完成产出口(建筑产品)为止,如图 5-2 所示。

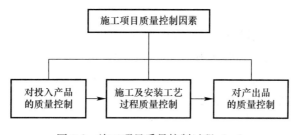

图 5-2 施工项目质量控制过程(一)

(3) 整个房屋建筑安装工程从工序质量开始对质量影响的控制流程如图 5-3 所示。

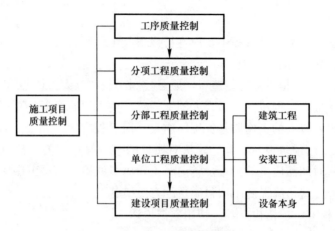

图 5-3　施工项目质量控制过程（二）

（二）施工质量控制

本节对施工质量控制的要求、程序和方法以及质量控制点的设定作出介绍，通过学习可以对工程质量控制的流程有一个概貌上的认识。

1. 影响质量的因素控制

（1）人的控制

人，是指直接参与施工的组织者、指挥者和操作者。除了加强政治思想教育、劳动纪律教育、职业道德教育、专业技术培训、健全岗位责任制、改善劳动条件、公平合理地激励劳动热情以外，还需根据工程特点，从确保质量出发，在人的技术水平、人的生理特点、人的心理行为等方面来控制人的使用。

（2）材料控制

材料控制包括原材料、成品、半成品、构配件等的控制，主要是严格检查验收，正确合理地使用，建立管理台账，进行收、发、储、运等各环节的技术管理，避免混料和将不合格的原材料使用到工程上。

（3）机械控制

机械控制包括施工机械设备、工具等的控制。要根据不同工艺特点和技术要求，选用合适的机械设备，正确使用、管理和保养好机械设备，为此要健全"人机固定"制度、"操作证"制度、岗位责任制度、交接班制度、"技术保养"制度、"安全使用"制度、机械设备检查制度等，确保机械设备处于最佳完好状态。

（4）方法控制

这里所指的方法控制，包含施工组织设计、施工方案、施工工艺、施工技术措施等的控制，对方法的主要要求是应切合工程实际，能解决施工难题，技术可行、经济合理，有利于保证质量、加快进度、降低成本。

（5）环境控制

影响工程质量的环境因素较多，有工程技术环境，工程管理环境，劳动环境。环境因素对工程质量的影响，具有复杂而多变的特点，因此，根据工程特点和具体条件，应对影响质量的环境因素，采取有效的措施严加控制。尤其是施工现场，应建立文明施工和文明生产的环境，保持材料工件堆放有序，道路畅通，工作场所清洁整齐，施工程序井井有条，为确保质量、安全创造良好条件。

2. 质量控制的三个阶段

工程质量控制过程分为事前、事中和事后三个阶段，说明了基本的控制程序和流程。

（1）事前质量控制

指在正式施工前进行的质量控制，其控制重点是做好施工准备工作，且施工准备工作要贯穿于施工全过程中。

1）施工准备的范围

包括全场性施工准备，单位工程施工准备，分项（部）工程施工准备，项目开工前的施工准备，项目开工后的施工准备等。

2）施工准备的内容

① 技术准备，包括项目扩大初步设计方案的审查，熟悉和审查项目的施工图纸，项目建设地点的自然条件、技术经济条件调查分析，编制项目施工图预算和施工预算，编制项目施工组织设计等。

② 物资准备，包括建筑材料准备，构配件和制品加工准备，施工机具准备，生产工艺设备的准备等。

③ 组织准备，包括建立项目组织机构，集结施工队伍，对施工人员进行入场教育等。

④ 施工现场准备，包括控制网、水准点、标桩的测量，"五通一平"，生产、生活临时设施等的准备，组织机具、材料进场，拟定有关试验、试制和技术进步项目计划，编制季节性施工措施，制定施工现场管理制度等。

（2）事中质量控制

指在施工过程中进行的质量控制。事中质量控制的策略是：全面控制施工过程，重点控制工序质量。具体措施是：工序交接有检查，质量预控有对策，施工项目有方案，技术措施有交底，图纸会审有记录，设备材料有检验，隐蔽工程有验收，计量器具校正有复核，设计变更有手续，材料代换有制度，质量处理有复查，成品保护有措施，行使质控有否决（发现质量异常、隐蔽工程未经验收、质量问题未处理、擅自变更设计图纸、擅自代换材料、无证上岗等，均应对质量予以否决）；质量文件有档案（凡是与质量有关的技术文件，如图纸会审记录、材料合格证明、试验报告、施工记录、隐蔽工程记录、设计变更记录、调试/试压运行记录、试车运转记录、竣工图等都要编目建档）。

（3）事后质量控制

指在完成施工过程形成产品的质量控制，其具体工作内容有：

1）组织试运行和联动试车。

2）整理竣工验收资料，组织自检和初步验收。

3) 按规定的质量评定标准和办法,对完成的分项、分部工程、单位工程进行质量评定。

4) 组织竣工验收,其标准是:

① 按设计文件规定的内容和合同规定的内容完成施工,质量达到国家质量标准及合同的约定,能满足生产或使用的要求;

② 主要生产工艺设备已安装配套,联动负荷试车合格,达到设计生产或使用能力;

③ 交工验收的建筑物窗明、地净、水通、灯亮、气来、采暖通风设备运转正常;

④ 交工验收的工程内净外洁,施工中的残余物料运离现场,灰坑填平,临时工程拆除,地坪整洁;

⑤ 技术档案资料齐全。

3. 质量控制的基本方法

施工项目质量控制的方法,主要是审核有关技术文件、报告和直接进行现场检查或必要的试验等。

(1) 审核有关技术文件、报告、报表或记录

对技术文件、报告、报表、记录的审核,是对工程质量进行全面控制的重要手段,具体内容有:

1) 技术资质证明文件;

2) 开工报告,并经现场核实;

3) 施工组织设计和技术措施;

4) 有关材料、半成品的质量检验报告;

5) 工序质量动态的统计资料或控制图表;

6) 设计变更、修改图纸和技术核定书;

7) 有关质量问题的处理报告;

8) 有关应用新工艺、新材料、新技术、新机具的技术鉴定书;

9) 有关工序交接检查,分项、分部工程质量检查报告;

10) 现场有关技术签证、文件等。

(2) 现场质量检查

1) 现场质量检查的内容

① 开工前检查。目的是检查是否具备开工条件,开工后能否连续正常施工,能否保证工程质量。

② 工序交接检查。对于重要的工序或对工程质量有重大影响的工序,在自检、互检的基础上,还要组织专职人员进行工序交接检查。

③ 隐蔽工程检查。凡是隐蔽工程均应检查认证后方能掩盖。

④ 停工后复工前的检查。因处理质量问题或某种原因停工后需复工时,应经检查认可后方能复工。

⑤ 分项、分部工程完工后,应经检查认可,签署验收记录。

⑥ 成品保护检查。检查成品有无保护措施,或保护措施是否可靠。

此外，还应经常深入现场，对施工操作质量进行巡视检查。必要时，还应进行跟班或追踪检查。

2）现场质量检查的方法

现场进行质量检查的方法有目测法、实测法和试验法三种。

① 目测法。其手段可归纳为看、摸、敲、照四个字。

② 实测法。实测检查法的手段可归纳为靠、吊、量、套四个字。

③ 试验检查。指必须通过试验手段，对质量进行判断的检查方法。

(3) 实行闭环控制

每一个质量控制的具体方法本身也有一个持续改进的课题，这就要用计划、实施、检查、改进（P、D、C、A）循环原理，在实践中使质量控制得到有效的、不断的提高。

4. 质量控制点的设立

(1) 质量控制点的定义

质量控制点是指为了保证工序质量而需要进行控制的重点，或关键部位，或薄弱环节，以便在一定时期内、一定条件下进行强化管理，使工序处于良好的控制状态。

(2) 质量控制点的动态性

从定义可知，关键部位是对工程实体而言，薄弱环节主要指作业行为或施工方法，前者较稳定、变异小，比如管道的连接处，电气的对地安全间隙，通风机转子平衡检查等，后者因企业而异，有着不断完善改进的空间，因而便有了一定时期内、一定条件下的限制性提法，也就说明了质量控制点对某一具体的工程或企业不是一成不变的，而是动态变化的。

(3) 检查点的概念

1）建筑安装工程施工过程中质量检查实行三检制，是指作业人员的"自检"、"互检"和专职质量员的"专检"相结合的检验制度，是确保施工质量行之有效的检验方法。

2）自检是作业人员对自己已完成的分项工程的质量实行自我检验，是自我约束、自我把关的表现，以防止不合格品进入下道工序作业。

3）互检是指作业人员之间对已完成的分项工程质量进行相互检查，起到复核确认作用，其形式可以是同一作业队组人员间的相互检查，也可以是作业队组兼职的质量员对本组作业质量的检查，还可以是下道作业对上道作业质量的检查，亦称为交接检。

4）专检是指质量员对分项、分部工程质量的检验，以弥补自检、互检的不足。一般情况下，自检互检要全数检查，专检可以用抽检的形式。原材料进场验收以质量员的专检为主，生产过程中的实体质量检验以自检、互检为主。

5）质量检查点即质量检查的部位及检查内容，依施工质量验收规范的规定为准，其中主控项目为主，一般项目为辅，黑体字表达的强制性条文的规定必须严格执行，也是重要的检查点所在的部位。

(4) 停止点的概念

1）所有控制点、检查点、停止点等的"点"的称谓，本质上是施工过程中的某一个工序，一个工序完成一个作业内容，只有完成该工序的作业内容，才能开始下一个作业内容，即进入下道工序。

2) 停止点是个特殊的点，即这道工序未作检验，并尚未断定合格与否，是不得进行下道工序的，只有得出结论为合格者方可进入下道工序。比如保温的管道，只有试压、严密性试验合格才能进行保温，又如只有电气工程交接试验合格才能进行通电试运行，前者称为管道工程施工过程中的一个停止点（试压和严密性试验）；后者称为电气工程施工过程中的一个停止点（电气交接试验）。

（三）质量问题及处理

本节从质量问题类别入手对质量事故的处理程序和处理方式作出介绍，以方便在实践中应用。

1. 两种质量问题

（1）质量事故

由于工程施工质量不符合标准规定，而引发或造成规定数额以上的经济损失、导致工期严重延误，或造成人身设备安全事故、影响使用功能，这类质量问题称为质量事故。

（2）质量缺陷

施工质量不符合标准规定，直接经济损失也没有超过规定额度，不影响使用功能和工程结构性安全的，也不会有永久性不可弥补的损失，这一类的质量问题称质量缺陷。不作事故处理，可由施工单位自行解决。

（3）发生质量事故基本上是违反了施工质量验收规范的主控项目的规定，而一般的质量缺陷基本上是违反了施工质量验收规范中的一般项目的有关观感的规定。

2. 质量事故的处理

（1）处理程序

1) 事故报告

由施工负责人（项目经理）按规定时间和程序及时向企业报告，并提供事故发生的初步调查文件及证据。

2) 现场保护

要做好现场应急保护措施，防止因质量事故而引发更严重次生灾害而扩大损失，待有事故结论后进行处理。

3) 事故调查

调查内容包括现场调查和收集资料，调查的组织由施工企业管理制度依据法规规定作出。

4）编写质量事故调查报告

5）形成事故处理报告

（2）处理方式

1）返工处理；

2）返修处理；

3）限制使用；

4）不作处理；

5）报废处理。

六、成本管理基本知识

本章简明介绍成本的构成、管理的任务以及与工程造价的关联状况,并对成本控制的基本要求做出说明,希望通过学习,对怎样做好成本管理工作有一个概貌上的认识。

(一) 成本构成与工程造价

本节从成本管理的必要性入手介绍成本的构成和分类,以及成本管理的六个环节,通过学习,冀希加强对成本管理的认识。

1. 成本的构成与工程造价的关系

(1) 成本管理的必要性

1) 企业是以赢利为目的的社会经济组织,不能赢利则企业无法发展壮大,发生亏损且不能扭转,则企业无法生存下去,导致破产告终。因而不论何类企业都非常重视在生产经营活动中的成本管理,降低生产费用,使利润最大化,从而能扩大再生产,为社会和人类进步作出贡献。

2) 根据施工企业成本运行规律,企业的成本管理责任体系包括两个层面。一是企业管理层,其管理从投标开始止于结算的全过程,着眼于体现效益中心的管理职能。二是项目管理层,其管理以企业确定的施工成本为目标,体现现场生产成本控制中心(利润中心)的管理职能。

(2) 施工成本的构成

施工成本是指在工程项目施工过程中所发生的全部生产费用的总和。包括:

1) 消耗的原材料、辅助材料、外购件等的费用,也包括周转材料的摊销费或租赁费。

2) 施工机械的台班费或租赁费。

3) 支付给生产工人的工资、奖金、工资性津贴等。

4) 因组织施工而发生的组织和管理费用。

(3) 直接成本与间接成本

1) 直接成本是指施工过程中耗费的为构成工程实体或有助于工程实体形成的各项费用支出的和,包括人工费、材料费、施工机械使用费和施工措施费等。

2) 间接成本是指为施工准备、组织管理施工作业而发生的费用支出,这些是施工生产必须发生的,包括管理人员的工资、奖金和津贴、办公费、交通费等。

(4) 成本管理的任务

1) 管理目的:是要在保证工期、质量、安全的前提下,采取相应管理措施,把成本控制在计划范围内,并进一步寻求最大程度的成本降低途径,力争成本费用最小化。

2) 管理措施,主要有组织措施、经济措施、技术措施、合同措施四个方面。

3）管理环节，主要有施工成本预测、施工成本计划、施工成本控制、施工成本核算、施工成本分析和施工成本考核等六个方面。

（5）造价构成与成本构成的关系

从图6-1可知，建筑安装工程费用是由三十五个基本科目组成，这些科目说明造价即

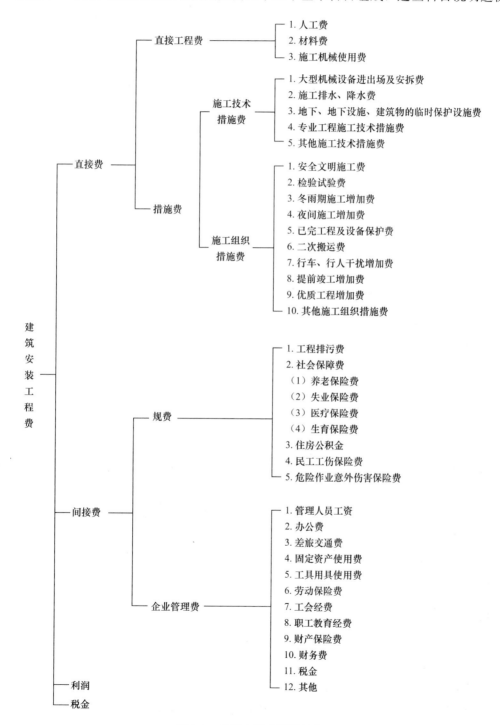

图 6-1 建筑安装费用科目表

销售收入可从这些方面去计取,当然还应计入期望的利润和依法缴纳的税金。同时三十五个科目也表明生产费用的支出应纳入什么样的成本科目,以利成本管理有条不紊,但必须注意两点:

1) 费用摊入成本的哪类科目,要受政府法规政策规定的约束,要依法而行,不得弄虚作假。

2) 施工成本是企业成本的主要部分,但不能全部代表企业成本的组成,所以成本的摊入还要按照企业的规章制度或工程项目承包合同的约定来办。

(6) 成本分类的方法

1) 按成本发生的时间划分

① 预算成本,又称项目承包成本,其加上项目企业期望利润后,即为项目经理的责任成本目标值。

② 计划成本,是项目经理在承包成本扣除预期的成本计划降低额后的成本额。

③ 实际成本,是施工项目承建所承包工程实际发生的各项生产费用的总和,实际成本与承包成本比较即可判定项目的盈亏情况。

2) 按生产费用进入成本的方法划分

① 直接成本。

② 间接成本。

这个划分方法有助于正确反映工程成本的构成,以利检查各项生产费用是否使用合理,便于找到降低成本的途径。

3) 按生产费用与工程量的关系划分

① 固定成本,是指在一定期间和一定的工程量范围内,成本额不受工程量增减变动的影响而相对固定的成本,如折旧费和管理人员的工资。

② 变动成本,是指成本发生总额随着工程量的增减变动而成正比例变动的费用,如材料费和人工费。

要降低固定成本必须提高管理效率、增加企业承揽的工程量,则单位工程量占有的固定成本就会降低,变动成本的降低要从分项工程的消耗额降低入手。

(二) 成本的控制

本节对成本管理的核心内容成本控制的目的、要求和方法等作出介绍,通过学习可以加深对施工成本管理活动的认识。

1. 成本管理的基本程序

成本管理的基本程序就是宏观上成本控制必须做的六个环节或称六个方面。

(1) 成本预测

目的是在工程施工前,在满足工程承包合同约定的前提下,对该工程未来的成本水平及其发展趋势用科学的方法作出估计,以利制定该工程的成本计划,通过预测可以发现薄弱环节,使在工程施工中有针对性地强化成本控制,以利提高成本控制的预见性,克服盲目性。

(2) 成本计划

是在预测的基础上，以货币形式编制的在工程施工计划期内的生产费用、成本水平和成本降低率，以及为降低成本采取的主要措施和规划的书面文件，是该工程降低成本的指导性文件，是进行成本控制活动的基础。

(3) 成本控制

是指在施工活动中对影响成本的因素进行加强管理，以下有专文阐述。

(4) 成本核算

成本核算就是把生产费用正确地归集到承担的客体，也就是说把费用归集到核算的对象账上，是反映实际发生的施工费用额度。成本核算的结果反映了成本控制的效果。

(5) 成本分析

根据成本核算、业务核算、会计核算等所提供的资料，对工程施工成本形成过程和影响成本升降的因素进行分析，以寻求进一步降低成本的途径，也说明成本控制活动的各环节的成效情况。

(6) 成本考核

目的在于贯彻落实责权利相结合原则，根据成本控制活动的业绩给予责任者奖励或处罚，促进企业成本管理、成本控制健康发展。

2. 成本的控制活动

(1) 目的

是指在施工过程中对影响施工成本的各种因素加强管理，并采取各种有效措施，将施工中发生的各项支出控制在成本计划范围之内，计算实际成本与计划成本的差异，进行分析，消除超过计划支出的原因，消除施工中浪费现象，使施工成本从施工准备开始直至竣工验收为止全过程处于有效控制之中。

(2) 依据

1) 工程的承包合同，主要指预算收入为基本控制目标。

2) 施工成本计划，是成本控制的指导性文件。

3) 进度统计报告，是实际成本发生的重要信息来源，是对比分析的关键资料。

4) 工程变更，施工中工程变更是很难避免的，一般包括设计变更、进度计划变更、施工条件变更、技术标准规范变更、工程数量变更等。各类变更的出现必然使成本发生变化，因而成本控制的目标值也相应更动，所以成本控制要密切注意工程变更情况。

(3) 要求

1) 要按照计划成本目标值来控制物资采购价格，并做好物资进场验收工作，确保质量。

2) 要以施工任务书、限额领料单等的管理，控制人工、机械、材料的使用效率和消耗水平。同时要加强成本风险分析，出现异常有应急措施作出相应处置。

3) 注意工程变更等的动态因素影响。

4) 增强项目管理人员和全体员工的成本意识和控制能力。

5) 健全财务制度，使项目资金的使用纳入正规渠道，使结算支付有章可循。

（4）方法

施工阶段是项目成本发生的主要阶段，也是成本控制的重点阶段，控制的对象包括：

1) 通过劳务合同进行人工费的控制。

2) 通过定额管理和计量管理进行材料用量的控制。

3) 通过掌握市场信息，采用招标、询价等方式控制材料、设备的采购价格。

4) 通过合理编制施工方案，布置安排施工机械，加强调度提高机械的利用率，加强维修保养提高机械的完好率，做好机械操作者与使用者的协调配合，以增加机械的台班产量。

5) 通过订立平等互利的分包合同，建立稳定的分包网络，加强分包工程的验收和结算，控制分包费用。

七、常用的施工机具

本章对建筑设备工程常用的施工机械和机具作出介绍,通过学习冀希有助于机具的选择和使用。

(一) 垂直运输常用机械

本节对施工用电梯和自行式起重机的结构、性能和使用要点作出介绍。

1. 施工升降机(施工电梯)

(1) 施工升降机的构造和性能

施工升降机是用吊笼载人、载物沿导轨上下运输的施工机械,按其传动形式可分为三类,即齿轮齿条式、钢丝绳式和混合式三种,现以常见的齿轮齿条式驱动的施工升降机为例进行介绍。

该施工升降机均通过平面包络环面蜗杆减速器带动小齿轮转动,再由传动小齿轮和导轨架上的齿条啮合,通过小齿轮的转动带动吊笼升降,外形如图 7-1 所示。

1) 型号举例

齿轮齿条式施工升降机,双吊笼有对重,一个吊笼的额定载重量为 2000kg,另一个吊笼的额定载重量为 2500kg,导轨架横截面矩形,则施工升降机的型号表示为 SCD200/250。

2) 组成

一般由金属结构、传动机构、安全装置和控制系统四部分组成。

图 7-1 齿轮齿条式施工升降机

① 金属结构,主要有导轨架、防护围栏、吊笼、附墙架和楼层门等。其中:

A. 导轨架的作用,是用以支承和引导吊笼、对重等装置运行,使运行方向保持垂直。

B. 吊笼的作用,是用以运载人员或货物,并有驾驶室,内设操控系统。

C. 防护围栏的作用,是为防止吊笼离开底层基础平台后,有人和物进入基础平台,所以防护围栏设在地面一层处。

D. 附墙架的作用,是按一定间距连接导轨架与建筑物或其他固定结构,用以支撑导轨架,使导轨架直立、可靠、稳固。

② 传动机构,由导轨架的齿条和吊笼内的电动机、减速器和传动齿轮组成。为了保证传动方式安全有效,首先应使传动齿轮与齿条的啮合良好可靠,因而在齿条的背面设置二套背轮,通过调节背轮,使传动齿轮和齿条的啮合间隙符合要求,如图 7-2 所示。背轮随吊笼一起升降,要调整啮合间隙,只需将背轮的偏心轴转一角度即可。

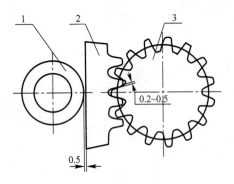

图 7-2 齿轮、齿条和背轮装配示意图
1—背轮;2—齿条;3—齿轮

③ 安全装置

A. 防坠安全器

非人为控制的,当吊笼或对重一旦出现失速、坠落情况时,能在设置的距离、速度内使吊笼安全停止。根据其特点,分为渐进式和瞬时式两种形式。渐进式制动距离较长、制动平稳、冲击小,瞬时式则制动距离短、制动不平稳、冲击力大。

B. 电气安全开关

主要有行程安全控制开关,包括上下行程限位开关、减速开关和极限开关。还有安全装置联锁开关和门安全控制开关。

C. 安全装置还有机械门锁、吊笼门的机械联锁装置、缓冲装置、安全钩、齿条挡块、电气错相断相保护器和超载保护装置等。

④ 控制系统,主要指电气控制系统,由三部分电路组成。

A. 主电路主要由电动机、断路器、热继电器、电磁制动器和相序断相保护器等组成。

B. 主控制电路主要由分断路器、按钮、交流接触器、控制变压器、安全开关、急停按钮和照明灯具等组成。

C. 辅助电路一般由加节、坠落试验和吊杆等控制电路组成。

典型的控制电路如图 7-3 和表 7-1 所示。

施工升降机电器符号、名称表　　　　表 7-1

序号	符号	名称	备注
1	QF1	空气开关	
2	QS1	三相极限开关	
3	LD	电铃	~220V
4	JXD	相序和断相保护器	
5	QF2	断路器	
6	QF3　QF4	断路器	
7	FR1　FR2	热继电器	
8	M1　M2	电动机	YZEJ132M-4
9	ZD1　ZD2	电磁制动器	
10	QS2	按钮	灯开关
11	V1	整流桥	
12	R1	压敏电阻	
13	SA1	急停按钮	
14	SA3	按钮	上升按钮
15	SA4	按钮	下降按钮
16	SA5	按钮盒	坠落试验
17	SA6	电铃按钮	
18	H1	信号灯	~220V
19	SQ1	安全开关	吊笼门

续表

序　号	符　号	名　称	备　注
20	SQ2	安全开关	吊笼门
21	SQ3	安全开关	天窗门
22	SQ4	安全开关	防护围栏门
23	SQ5	安全开关	上限位
24	SQ6	安全开关	下限位
25	SQ7	安全开关	安全器
26	EL	防潮顶灯	~220V
27	K1、K2、K3、K4	交流接触器	~220V
28	T1	控制变压器	380V/220V
29	T2	控制变压器	380V/220V

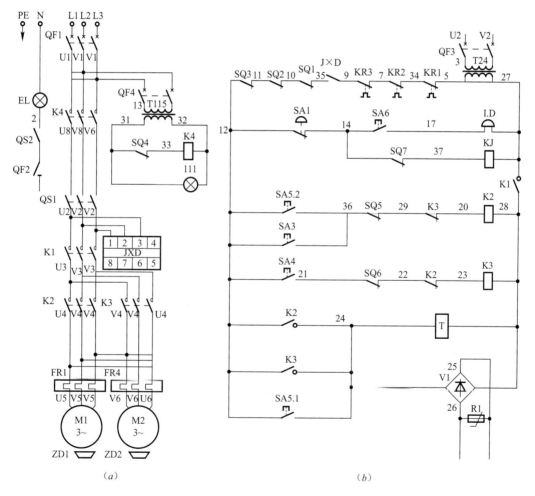

图 7-3　双驱施工升降机电气原理图
(a) 主电路；(b) 主控制电路

a. 加节控制电路由插座、按钮和操纵盒等电器元件组成；

b. 坠落试验控制电路由插座、按钮和操纵盒等电器元件组成；

c. 吊杆控制电路主要由插座、熔断器、按钮、吊杆操纵盒和盘式电动机等电器元件组成。

(2) 施工升降机使用注意事项

1) 施工升降机组立就位后、使用前应经调试，尤其是各种安全装置经试验证实良好有效，办理安装验收手续后，才能投入使用。

2) 施工升降机的司机应经培训合格持证上岗。

3) 项目部要对施工升降机的使用建立相关的管理制度，包括司机的岗位责任制、交接班制度、维护保养检查制度等。

4) 建立完善的符合要求的安全使用操作规程。

5) 每班作业完毕后，施工升降机停驶，应将吊笼停靠至地面层站，做好清洁保养后切断电源，锁好吊笼门和防护围栏门。

6) 如施工升降机顶部装有空中（航空）障碍灯时，夜间应打开障碍灯。

2. 常用自行式起重机的种类和性能

近年来，施工企业的机械化装备水平迅速提高，自行式起重机得以广泛应用，从而大大加快了工程进度。在设备安装工程中常用的自行式起重机有汽车式起重机、履带式起重机、轮胎式起重机三种。

(1) 汽车式起重机（见图7-4）

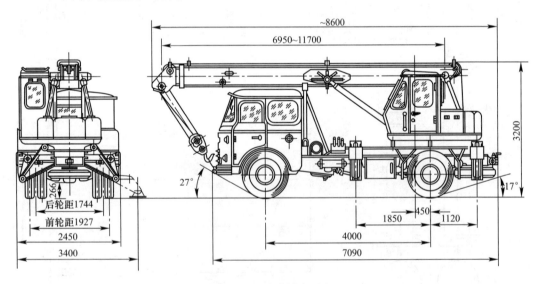

图7-4　8t汽车式起重机

1) 汽车式起重机的起重机构和回转台是安装在载重汽车底盘上的。起重机的动力装置及操纵室和汽车的动力装置及驾驶室是独立的、分开的。为了增加起重机的稳定性，底盘两侧增设四个支腿，以扩大支承点。液压式汽车起重机全部采用液压传动来完成起吊、回转、变幅、吊臂伸缩及支腿收放等动作，故操作灵活，起吊平稳。

2) 汽车式起重机具有机动性能好、运行速度快、转移方便等优点，在完成较分散的起重作业时工作效率突出。常用于跟随运输车辆装卸设备及构件。它的缺点是要求有较好路面、稳定性能差、起重能力有限。

常用的汽车起重机技术规格见表7-2。

汽车式起重机的技术规格　　　　表7-2

型　号	Q51	Q82	Q2-5H	Q2-6.5	Q2-7	Q2-8	Q2-12	Q2-16	Q2-16	Q2-32
最大起重量/t	5	8	5	6.5	7	8	12	16	16	32
起重臂长/m		12		10.98	10.98	11.7	13.2	20	21	30
起升高度/m	6.5	11.4	6.5	11.3	11.3	12	12.8	20	20.3	29.5
车身长度/m	8740	10500	7748	8740	8700	8600	10350	8700	11640	1290
车身宽度/m	2420	2520	2299	2300	2300	2450	2400	2300	2560	2600
车身高度/m	3400	3500	2400	3070	3280	3200	3300	3280	3250	3500
总质量（质量）/t	7.5	14	9	8.45	10.5	15	17.3		21.5	32

注：车身长度中包括吊臂长。

3）汽车式起重机使用注意事项：

① 严格按起重机的性能范围使用。

② 作业前须检查起重机工作场地是否平整、坚实，当支腿下方不平时应用枕木等垫平。

③ 每次作业前要进行试吊，把重物吊离地面200mm左右，试验制动器是否可靠，支腿是否牢靠，确认安全后方可起吊。作业时，应垂直起吊，不准斜吊、横吊。

④ 起重机负重工作时，吊臂的左右旋转角度都不能超过45°，回转速度要缓慢。

⑤ 不准使用起重机吊拔埋在地下的钢桩或不明物，以免超负荷。

⑥ 雨雪天作业，起重机制动器容易失灵，故吊钩起落要缓慢，如遇六级以上大风应停止吊装作业。

（2）轮胎式起重机（见图7-5）

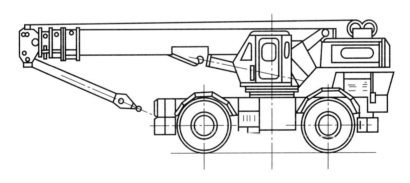

图7-5　越野型轮胎起重机

轮胎式起重机是装在特制的轮胎底盘上的起重机，车身行驶也依靠同一动力装置来驱动，它的底盘紧固牢靠，采用大尺寸的14层尼龙轮胎，车轮的间距较大，这是与汽车式起重机的不同之处。它的行驶速度较慢，一般在35km/h以下，它没有外伸支腿，所以起重量较大，稳定性较好，可以用来吊装50～500t的设备，但也要求有较好路面。轮胎式起重机采用液压传动来完成起吊、回转、变幅、吊臂伸缩及支腿收放等主要功能，操作灵活、起动平稳。常用轮胎式起重机的技术规格见表7-3。

常用的轮胎式起重机的技术规格　　　　　　　　表 7-3

型　号		QLD-3/5	QL2-8	HG-10	Q-161	QL3-16	QL3-253	QL3-40
最大起重量/t		6	8	10	15	16	25/3.5	40/4
起重臂长/m		13	7	16	15	20	32	42
最大起升高度/m		12		15.7	13.5	18.4		37.4
起重幅度范围/m		4~10		2.3~14.8	3.4~15.5	3.4~20	4~21	4.5~25
外形尺寸(行驶状态)/mm	长 带吊臂	16500	8552		14650	14650	17600	21600
	无吊臂		5285	5025		5380	6820	9600
	宽	3500	2500	3000	3200	3176	3200	3500
	高	4000	2865	3875	3500	3480	3430	3900
(重量)质量/t		16	12	20	23	22	29	53.7

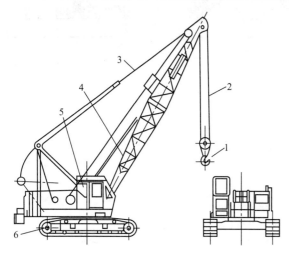

图 7-6　液压履带起重机
1—吊钩；2—起升钢丝绳；3—变幅钢丝绳；
4—起重臂；5—主机房；6—履带行走装置

（3）履带式起重机（见图 7-6）

1) 履带式起重机由回转台和履带行走机构两部分组成。在回转台上装有起重臂、动力装置、绞车和操作室，其尾部装有平衡重。回转台能绕中心枢轴作 360°旋转。履带架既是行车机构，也是起重机的支座。

2) 履带式起重机的动力装置一般采用内燃机驱动，操作灵活，使用方便，在一般平整和坚实的道路上均可行驶和吊装作业，对地面承压要求较低。履带式起重机的起重量是自行式起重机之冠，可达 1000t，是目前设备安装施工中特别是大型设备安装中常用的起重机械，只是它的稳定性差，行驶速度慢，自重大，对路面有破坏作用，在作远距离转移时，要靠大型平板车拖运。

表 7-4 为 W-200 1/2 型履带式起重机的技术规格。

W-200 1/2 型起重机技术规格　　　　　　　　表 7-4

起重臂长/m	15				30				40			
幅度/m	4.5	6.5	9.0	12	15.5	8.0	11.0	16.5	22.5	10.0	15.5	21.5	30.5
起重量/t	50	28	17.5	11.7	8.2	20	12.7	7	4.3	8	5	3	1.5
起升高度/m	12	11.4	10	8	3	26.5	25.6	23.2	19	36	34.5	32	2.5
工作时机器重量(质量)/t	75.74					77.54				79.14			
双足支架距地面高度/m	6.3												

3) 履带式起重机使用的注意事项

① 严格按起重机特性曲线使用。

② 作业前应对起重机进行一次试运转，确认各机件运转无异常，制动灵敏可靠，才能正式开始起重工作。

③ 满负荷起吊时，应先将重物吊离地面 200mm 左右，对设备作一次全面检查，确认安全可靠后，方可起吊。

④ 起吊过程中要密切注意重物的起落，切勿让吊钩提升到吊臂顶点，同时要避免将吊臂回转到与履带吊纵向轴线成垂直角度的位置，此时极易使设备失稳翻车。

⑤ 在满负荷起吊时，起重机不得行走。如在起吊中需作短距离行走时，其吊物荷载不得超过起重机允许最大负荷的 70%，且所吊重物要在行车的正前方，并应系好溜绳，重物离地面不超过 200mm，缓慢地行驶。

（4）常用自行式起重机的选用原则

1）自行式起重机起重量特性曲线

自行式起重机是一种间歇动作的机械，工作是周期性的，选择起重机主要是被吊设备的几何尺寸、安装部位（包括基础的形式和高度）来确定起升高度（H）和幅度（R），从而确定吊臂的长度（L）和仰角（α），再根据设备重量（Q）选择起重机的起重力，这些均需符合起重机特性曲线。

自行式起重机特性曲线表，一是反映起重重量随着臂长和幅度的变化而变化的规律；二是反映起重机的起升高度随着臂长、幅度变化而变化的规律曲线，为使用方便，把特性曲线给予量化形成表格形式。如图 7-7 称之为特性曲线表。起重机特性曲线表规定了起重机在各种状态下允许吊装的载荷，可以看到起重机在各种状态下能够达到的最大起升高度，它是选择和使用起重机的依据，每台起重机都有自己的特性曲线。

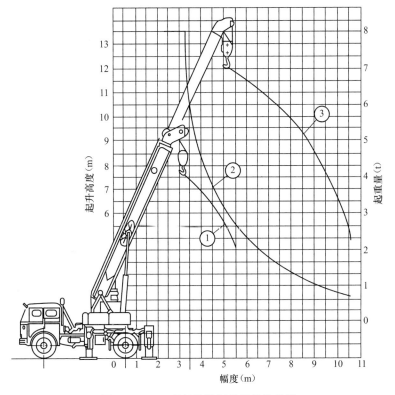

图 7-7　Q_2-8 型起重机起重量特性曲线

①起升高度曲线（臂长 6.95m）；②起重量特性曲线；③起升高度曲线（臂长 11.7m）

图 7-7 所示为 Q_2—8 型汽车式起重机特性曲线表。特性曲线表包括起重量特性曲线（Q—R 变化曲线）和起升高度曲线（R—H 变化曲线）。该特性曲线图上有三条曲线，曲线①为臂长 6.95m 时吊钩起升高度曲线；曲线②为起重量特性曲线；曲线③为臂长 11.7m 时吊钩起升高度曲线。也就是说曲线①和曲线③是吊钩处于最低和最高两个极限位置的轨迹，曲线②则表示了 Q_2-8 型吊车的起重量 Q 与幅度 R。起升高度 H 之间的关系，可以通过查图方法，知道该吊车的起重性能和特点。从图中可以看出起重机随着幅度的增大，起重量将降低。

2) 自行式起重机选用原则

选择自行式起重机必须按照特性曲线，具体步骤如下：

① 首先根据作业现场的实际情况确定被吊设备或构件的位置和起重机要站的位置，这样幅度 R 即被确定；

② 再根据被吊设备或构件的体积大小、外形尺寸、吊装高度等即可确定吊装的臂长 L；

③ 根据已确定的幅度 R、臂长 L，可在特性曲线表上确定起重机能够吊装的荷重 Q；

④ 倘若得知起重机能够吊装的载荷大于被吊的设备或构件的重量，则说明起重机选择合格，否则应重选。

（二）常用的施工机械

本节对建筑设备安装工程中水、电、风各专业常用的施工机械作出介绍，以方便选用。

1. 手拉葫芦、千斤顶、卷扬机的性能

(1) 手拉葫芦种类及使用注意事项

手拉葫芦又称链式起重机，是一种自重轻、携带方便、使用简便，应用广泛的手动起重机械，使用时只要 1~2 人即可操作。适用于小型设备和构件的吊装和短距离运输，还可以用来控制起重溜绳和缆风绳的张紧等辅助工作，尤其适用于流动性大和无电源的地带。手拉葫芦的起重能力一般不超过 10t，起重高度一般不超过 6m。

1) 手拉葫芦的种类和组成

按结构不同，可分为蜗杆传动和圆柱齿轮传动两种。手拉葫芦由链轮、手拉链、起重链、传动机构及上下吊钩等几部分组成，如图 7-8 所示。目前常用的 HS 手拉葫芦，其规格见表 7-5。

2) 手拉葫芦使用注意事项

① 使用前应检查传动、制动部分动作是否灵活可靠，传动部分要保持良好润滑，链条完好无损，无卡涩现象，销子牢固可靠。

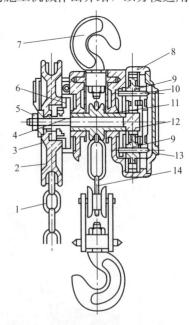

图 7-8 手拉葫芦（手动链式起重机）
1—手拉链；2—链轮；3—棘轮圈；4—链轮轴；
5—圆盘；6—摩擦片；7—吊钩；8—齿圈；
9—齿轮；10—齿轮轴；11—起重链轮；
12—齿轮；13—驱动机构；14—起重链子

HS 手拉葫芦技术性能及规格 表 7-5

型号	HS$\frac{1}{2}$	HS1	HS1$\frac{1}{2}$	HS2	HS2$\frac{1}{2}$	HS3	HS5	HS7$\frac{1}{2}$	HS10	HS15	HS20
起重量/t	0.5	1	1.5	2	2.5	3	5	7.5	10	15	20
标准起升高度/m	2.5	2.5	2.5	2.5	2.5	3	3	3	3	3	3
满载链拉力/N	195	310	350	320	390	350	390	395	400	415	400
净重/N	70	100	150	140	250	240	360	480	680	1050	1500

② 葫芦吊挂必须牢靠，按额定起重能力使用，严禁超载。发现吊钩磨损量超过10%时，必须更换。

③ 使用时要避免手链跳槽和起重链打扭，在倾斜和水平使用时，拉链方向和链轮方向一致，防止卡链和掉链。

④ 当吊装的物件需停留一段时间时，必须将手链拴在起重链上，以防止时间过久自锁失灵，此时操作人员不得离开。

⑤ 操作时，待链条张紧后，应检查各部分有无异常，挂钩是否牢靠，若出现拉不动时，要查明原因，不得用增加人数强拉硬拽。

⑥ 使用三个月以上的手拉葫芦，应进行一次拆卸清洗，检查和注油。

（2）千斤顶的种类及使用注意事项

千斤顶又叫举重器、顶重机，是一种可用较小的力量把重物顶升、降低或移动的简单、方便的起重工具。在起重吊装作业和设备安装中应用广泛，特别适用于已就位设备的安装找正、调整标高和方位等作业，也常用于管道工程中的顶管作业、制作弧形管道等，还可用于型钢的调直。

1）千斤顶的种类

按照千斤顶的结构不同，可分为螺旋千斤顶、液压千斤顶、齿条千斤顶三种，前两种应用广泛。

① 螺旋千斤顶

A. 结构

螺旋千斤顶由壳体、底座、螺杆、伞齿轮、铜螺母、升降套筒、推力轴承、棘轮组等主要零件组成，如图 7-9 所示。

B. 工作原理

往复扳动手柄时，小伞齿轮带动大伞齿轮，使螺杆旋转，带动铜螺母旋转，通过铜螺母带动套筒

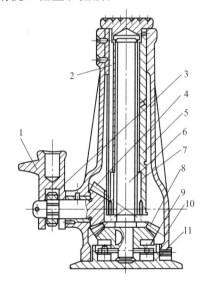

图 7-9 Q型螺旋千斤顶
1—摇把；2—导向键；3—棘轮组；4—小圆锥齿轮；5—升降套筒；6—丝杆；7—铜螺母；8—大圆锥齿轮；9—单向推力球轴承；10—壳体；11—底座

升降，达到提升或下降重物的目的。它是利用螺纹的升角小于螺杆与螺母间的摩擦角而具有自锁作用，故在重力作用下不会自行下落。主要零件均经过热处理，强度高、耐磨性好，采用特制推力轴承，转动灵活，操作灵便，经久耐用。国产螺旋千斤顶最大起重量 50t，最大举升高度 400mm，技术规格见表 7-6。

移动式螺旋式千斤顶技术规格 表 7-6

起重量/kN	顶起高度/mm	螺杆落下最小高度/mm	水平移动距离/mm	自重/kN
80	250	510	175	400
100	280	540	300	800
125	300	660	300	850
150	345	660	300	1000
200	360	680	360	1450
250	360	690	370	1650
300	360	730	370	2250

C. 螺旋千斤顶起重力计算

$$Q = P\frac{2\pi L}{t}\eta \qquad (7\text{-}1)$$

式中　Q——起重能力（kN）；

　　　P——加于手柄上的力（kN）；

　　　L——手柄长度（mm）；

　　　t——螺纹节距（mm）；

　　　η——效率，一般取 $\eta=0.3\sim0.4$。

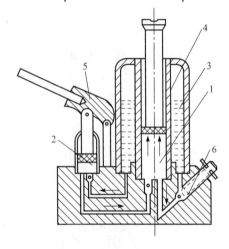

图 7-10　液压千斤顶
1—工作液压缸；2—液压泵；3—液体；
4—活塞；5—摇把；6—回液阀

② 液压千斤顶

液压千斤顶如图 7-10 所示。

A. 结构

液压千斤顶由油缸、起重活塞、液压泵、回油阀、摇柄等几部分组成。

B. 工作原理

利用液压原理，以手掀液压泵将油压入起重活塞底部使其升起，从而达到升重之目的。

C. 特点

体积小、自重轻、油压升程高、起重速度快、工作平稳，具有自锁作用，并在活塞上端加了额定起重高度的限位装置，起重安全，使用寿命长，结构紧凑，携带方便，维护简单。

D. 起重能力与举升高度

目前国产油压千斤顶最大起重能力可达 500t，最大举升高度 200mm。国产液压千斤顶技术性能见表 7-7。

国产 YQ_1 型液压千斤顶技术性能 表 7-7

型号	起重量/kN	起升高度/mm	最低高度/mm	公称压力/kPa	手柄长度/mm	手柄作用力/N	自重/N
$YQ_1$1.5	15	90	164	33	450	270	25
$YQ_1$3	30	130	200	42.5	550	290	35
$YQ_1$5	50	160	235	52	620	320	51

续表

型 号	起重量/kN	起升高度/mm	最低高度/mm	公称压力/kPa	手柄长度/mm	手柄作用力/N	自重/N
YQ$_1$10	100	160	245	60.2	700	320	86
YQ$_1$20	200	180	285	70.7	1000	280	180
YQ$_1$32	320	180	290	72.4	1000	310	260
YQ$_1$50	500	180	305	78.6	1000	310	400
YQ$_1$100	1000	180	350	75.4	1000	310×2	970
YQ$_1$200	2000	200	400	70.6	1000	400×2	2430
YQ$_1$320	3200	200	450	70.7	1000	400×2	4160

E. 起重能力计算公式

$$Q = P = \frac{L}{e}\frac{D^2}{d^2}\eta \quad P = \frac{L}{e}\frac{D^2}{d^2}\eta \tag{7-2}$$

式中 Q——起重能力（kN）；
P——作用于摇把末端的力（kN）；
L——摇把长度（mm）；
D——起重活塞直径（mm）；
d——液压泵活塞直径（mm）；
η——液压千斤顶的效率，一般取 0.7～0.75。

③ 齿条千斤顶（见图 7-11）

A. 结构

齿条千斤顶由齿条、齿轮和棘轮、棘爪、手柄等组成。

B. 工作原理

转动千斤顶的手柄，带动齿轮传动齿条，利用齿条移动提升重物，停止操作，靠棘轮和棘爪自锁。设备下降时，放松齿条即可，但不可使棘爪脱开棘轮而突然下降，要控制手柄缓慢逆向转动，以防因设备重力驱动手柄而飞速回转造成事故。

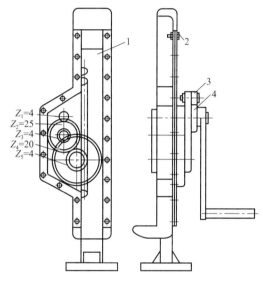

图 7-11 齿条式千斤顶
1—齿条；2—连接螺钉；3—棘爪；4—棘轮

2）使用千斤顶的注意事项

① 无论哪种千斤顶都不准超负荷使用，以免发生人身或设备事故。每次顶升高度不得超过套筒或活塞上的标志线，无标志线的千斤顶，其顶升高度不得超过螺杆螺纹或活塞总高的 3/4，以避免将套筒或活塞顶脱，酿成事故。

② 千斤顶使用前，应检查升降螺杆、活塞和其他动作部件是否灵活可靠，有否损坏，液压千斤顶的阀门、皮碗是否完好，油液是否干净。

③ 使用时，千斤顶应放在平整坚实的地面上，如地面松软应加铺垫板或枕木等以扩大承压面积。要正确选择千斤顶的着力点，防止打滑，顶升时，要随物件的上升，在其下面及时放入保险垫，脱空距离应控制在 50mm 以内，防止千斤顶倾斜或突然回油造成事故。

④ 多台千斤顶同时使用时，动作要保持一致，做到同步顶升和下落。

⑤ 螺旋千斤顶和齿条千斤顶，对工作部位要涂以防锈油，以减少磨损和防止锈蚀；液压千斤顶在降落时，应微开回油阀使活塞缓慢下降，防止开启过大时造成突然下降，会酿成事故和损坏零件。

(3) 卷扬机的设置及使用注意事项

电动卷扬机具有牵引力大、结构紧凑、体积小、操作简便等优点，是起重吊装搬运作业中经常使用的牵引设备。

1) 电动卷扬机的种类、构造与技术规格

① 电动卷扬机的种类

按卷筒形式分有单筒、双筒两种；按传动形式分有可逆减速箱式和摩擦离合器式；按起重量分有 0.5t、1t、2t、3t、5t、10t、20t、32t 等。

② 卷扬机的构造

电动卷扬机构造主要由电动机、减速箱、卷筒、电磁式制动器、可逆控制器和底座等部件组成，如图 7-12 所示。

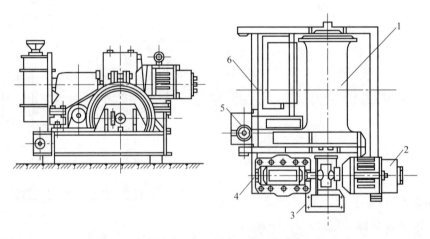

图 7-12 可逆式电动卷扬机
1—卷筒；2—电动机；3—电磁式闸瓦制动器；4—减速箱；
5—控制开关；6—电阻箱

电动卷扬机牵引力大小与电动机功率、钢丝绳有关，其计算公式为：

$$S = 1020 \frac{N}{V} \eta \tag{7-3}$$

式中　S——牵引力（N）；

　　　N——电动机功率（kW）；

　　　　　1kW=1020N·m/s；

　　　V——钢丝绳牵引速度（m/s）；

　　　η——总机械效率，一般取 0.65～0.70。

③ 电动卷扬机技术规格见表 7-8。

常用电动卷扬机技术规格   表7-8

类型	起重能力/t	卷筒直径×长度/mm	平均绳速/m/min	缠绳量/(m/绳径)	电动机功率/kW
单卷筒	1	Φ200×350	36	200/Φ12.5	7
单卷筒	3	Φ340×500	7	110/Φ12.5	7.5
单卷筒	5	Φ400×840	8.7	190/Φ24	11
双卷筒	3	Φ325×500	27.5	300/Φ16	28
双卷筒	5	Φ220×600	32	500/Φ22	40
单卷筒	7	Φ800×1050	6	1000/Φ31	20
单卷筒	10	Φ750×1312	6.5	1000/Φ31	22
单卷筒	20	Φ850×1324	10	600/Φ42	55

2) 电动卷扬机的设置

① 电动卷扬机设置的好与坏，直接影响到设备的安全使用、吊装搬运的可靠性。安装时，其位置要选在视野开阔、便于操作和指挥者易于观察到的部位。

② 配合桅杆使用时，电动卷扬机的位置距离桅杆不能小于桅杆高度。

③ 电动卷扬机的固定方法非常重要，应达到作业时防止卷扬机倾覆与滑动的目的。固定法一般有以下三种。

A. 平衡重法

是将电动卷扬机固定在方木上，前面设置木桩以防滑动，后面加压重量 Q，如图 7-13 所示。

B. 固定基础法

将电动卷扬机放在混凝土基础上，用地脚螺栓将其底座固定，如图 7-14 所示，这种方法适用于长期使用的情况。

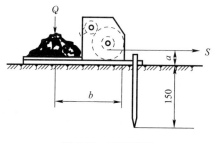

图 7-13 平衡重法

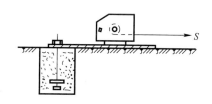

图 7-14 固定基础

C. 地锚法

地锚又叫地龙，在起重作业中应用比较普遍，通常有卧式、立式之分，如图 7-15 和图 7-16 所示。

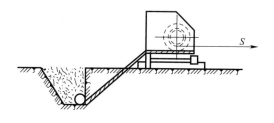

图 7-15 卧式地锚

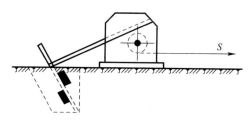

图 7-16 立式地锚

3) 电动卷扬机使用注意事项

① 电动卷扬机是重要的起重机械，使用前要做安全性检查，用手盘动传动系统，检查各部件转动是否灵活，有无异常，特别是制动装置是否可靠。

② 电动卷扬机应设置防雨棚，以防电气装置受潮。

③ 电动卷扬机的操作人员应持有上岗证，并做到专机专人操作。

④ 电动卷扬机所用钢丝绳直径应与套筒直径相匹配，一般卷筒直径应为钢丝绳直径的 16~25 倍，还要做到钢丝绳捻向与卷筒卷绕方向一致。操作时，卷筒上的钢丝绳余留圈数不应少于 3 圈。

⑤ 钢丝绳应保持水平状态从卷筒下面进入并尽量与卷筒轴线方向垂直，以防钢丝绳在卷筒上缠绕时排列错叠和挤压，必要时可在卷扬机正前方设置导向滑轮，导向滑轮与卷筒保持适当距离，使钢丝绳在卷筒上缠绕时最大偏离角不超过 2°。

⑥ 用多台电动卷扬机吊装设备时，其牵引速度和起重能力应相同，并做到统一指挥、统一行动、同步操作。必要时，应设专人监护卷扬机的运行情况。

⑦ 电动卷扬机在使用中如发现卷筒壁减薄 10%、卷筒裂纹和变形、筒轴磨损、制动器制动力不足时，必须进行修理和更换。

⑧ 电动卷扬机用完后，要切断电源，将控制器拨到零位，用保险闸自动刹紧并使跑绳放松。

⑨ 定期做好保养维修工作。

2. 麻绳、尼龙绳、涤纶绳及钢丝绳的性能

（1）起重用麻绳、尼龙绳、涤纶绳的性能和使用选择

1）麻绳的种类和使用

① 麻绳是起重作业中常用的索具之一，它具有轻便、容易携带、捆绑方便等优点。因强度关系，只能用来捆绑吊运 500kg 以内的物体或用作平衡绳、溜绳和受力不大的缆风绳。

麻绳是用大麻的纤维捻制的，先捻成线股，再由线股捻制成绳索，一般有三股、四股和九股三种，麻绳按原料的不同，常用的分为白棕绳、混合麻绳和线麻绳三种，其中以白棕绳的质量为优，使用较为普遍。

白棕绳有浸油和不浸油之分，浸油后不易腐烂，但质地较硬，不易变曲，强度比不浸油者低 10%~20%，不浸油的白棕绳受潮后易腐烂，使用寿命短。

② 白棕绳的拉力计算

为保证使用时的安全，使用麻绳时，必须作一定的强度储备，其允许拉力按下式计算：

$$S = \frac{P}{K} \qquad (7-4)$$

式中　S——白棕绳许用拉力（kN）；

K——白棕绳安全系数，见表 7-9；

P——白棕绳的破断拉力（KN），见表 7-10。

麻绳的安全系数　　　　　　　　　　　表 7-9

工作性质	混合麻绳	白棕绳
地面水平运输设备、作溜绳	5	3
高空系挂设备或吊装设备	8	>5
慢速机械操作吊人绳	不准用	10

白棕绳技术性能　　　　　　　　　　　表 7-10

直径/mm	圆周/mm	每卷质量/kg	破断拉力/kN
6	19	6.5	2.0
8	25	10.5	3.2
11	32	17	5.7
13	38	23.5	8.0
14	44	32	9.5
16	51	41	11.5
19	57	52.5	13
20	63	60	15
22	70	70	18.5
25	76	90	24
29	83	120	26
33	101	165	29
38	114	200	35

③ 麻绳使用注意事项

A. 如果与滑轮配合使用，滑轮直径应大于绳径 7~10 倍；

B. 截断后的棕绳，断口处应用铁丝或线绳扎牢，防止绳头松散；

C. 麻绳使用时，易局部触伤和机械磨损，故在使用前应仔细检查，发现问题应降级使用或停止使用；

D. 麻绳在打结使用时，其强度会降低 50% 以上，故其连接应采用编结法；

E. 麻绳禁止用于摩擦大、速度快的吊装场合，禁止用于机动牵引上；

F. 麻绳容易受潮，使用完毕应晾干，卷成圆盘平放在通风干燥木板上。

2) 尼龙绳和涤纶绳的使用

① 尼龙绳和涤纶绳的用途

在起运和吊装表面光洁零件、软金属制品、磨光的轴销或其他表面不允许磨损的设备时，必须使用尼龙绳、涤纶绳等非金属绳索。

尼龙绳和涤纶绳的优点是体轻、质地柔软、耐油、耐酸、耐腐蚀，并具有弹性，可减少冲击，不怕虫蛀，不会引起细菌繁殖，它们的抗水性能达到 96%~99%。

② 尼龙绳的物理性能

为便于起吊设备，有时可用棉帆布或尼龙帆布做成带状吊具（见图 7-17），一般带状吊具有单层的和多至八层尼龙帆布的，表 7-11 为我国生产的尼龙绳及增强尼龙绳的物理机械性能。

图 7-17 带状吊具

尼龙及增强尼龙的物理机械性能　　　　　　表 7-11

性　能	尼龙6	尼龙66	尼龙610	尼龙1010	尼龙1010 5%石墨	尼龙1010 30%玻纤
重度/(g/cm^3)	1.13	1.15	1.09～1.13	1.05	>2	1.32
吸水率/(%)	10.9	10.0	1～3	2	>2	0.05
延伸率/%	200	10～100	100～150	200	<200	
开始可塑温度/℃	160	220		150～170	170	190
软化温度/℃	170	235		180	185	200
熔点/℃	215	256	215～225	200	200	200
脆化温度/℃	－20～－30	－25～－30		－60	－60	－60
马丁氏耐热性/℃	40～50	50～60	60	45	52	90
比热/(cal/g·℃)	0.4～0.5	0.4～0.5	0.5			
膨胀系数/(l/℃)	11～14×10^{-5}	11～15×10^{-5}	5～7×10^{-5}			
导热系数/(kcal/m·h·℃)	0.18～0.29	0.22～0.29	0.21～0.25			
抗拉强度/(kg/cm^2)	700	750	600	550	550	690
抗弯强度/(kg/cm^2)	700～1000	1000～1100	700～1000	370	870	1100
冲击值/(kg·cm/cm^2)			40～50	100	45～51	41.7
抗压强度/(kg/cm^2)	600～900	460	700～900	790		1100
磨耗/(cm^2/10000转/min)	0.24		0.014	0.0035	0.0055	

(2) 起重用钢丝绳的种类和使用注意事项

钢丝绳是起重作业中必备的重要部件，可用作起重、牵引、捆扎、张拉和缆风绳等。钢丝绳是由多根钢丝拧成的股绳与一根绳芯捻制而成。钢丝绳具有强度高、有挠性（可卷绕成盘）、在高速下运转平稳、噪声小、破断前有断丝预兆。

国产钢丝绳已标准化，一般用途钢丝绳直径范围为 0.6mm～60mm，所用钢丝直径为 0.15mm～4.4mm，钢丝绳强度级别分为 1470MPa、1570MPa、1670MPa、1770MPa、1870MPa 五个级别。

1) 钢丝绳的分类和标记

① 钢丝绳的分类

钢丝绳的种类很多，起重作业中都用圆股钢丝绳，本教材按照《一般用途钢丝绳》GB/T 20118—2006 进行分类。

A. 钢丝绳按其股数和股外层钢丝的数目分类，见表 7-12。

钢丝绳分类 表 7-12

组别	类别	分类原则	典型结构 钢丝绳	典型结构 股	直径范围 (mm)
1	单股钢丝绳	1 个圆股，每股外层丝可到 18 根，中心丝外捻制 1~3 层钢丝	1×7 1×19 1×37	(1+6) (1+6+12) (1+6+12+18)	0.6~12 1~16 1.4~22.5
2	6×7	6 个圆股，每股外层丝可到 7 根，中心丝（或无）外捻制 1~2 层钢丝，钢丝等捻距	6×7 6×9W	(1+6) (3+3/3)	1.8~36 14~36
3	6×19（a）	6 个圆股，每股外层丝 8~12 根，中心丝外捻制 2~3 层钢丝，钢丝等捻距	6×19S 6×19W 6×25Fi 6×26WS 6×31WS	(1+9+9) (1+6+6/6) (1+6+6F+12) (1+5+5/5+10) (1+6+6/6+12)	6~36 6~40 8~44 13~40 12~46
	6×19（b）	6 个圆股，每股外层丝 12 根，中心丝外捻制 2 层钢丝	6×19	(1+6+12)	3~46
4	6×37（a）	6 个圆股，每股外层丝 14~18 根，中心丝外捻制 3~4 层钢丝，钢丝等捻距	6×29Fi 6×36WS 6×37S （点线接触） 6×41WS 6×49SWS 6×55SWS	(1+7+7F+14) (1+7+7/7+14) (1+6+15+15) (1+8+8/8+16) (1+8+8/8+16) (1+9+9/9+18)	10~44 12~60 10~60 32~60 36~60 36~60
	6×37（b）	6 个圆股，每股外层丝 18 根，中心丝外捻制 3 层钢丝	6×37	(1+6+12+18)	5~60
5	6×61	6 个圆股，每股外层丝 24 根，中心丝外捻制 4 层钢丝	6×61	(1+6+12+18+24)	40~60
6	8×19	8 个圆股，每股外层丝 8~12 根，中心丝外捻制 2~3 层钢丝，钢丝等捻距	8×19S 8×19W 8×25Fi 8×26WS 8×31WS	(1+9+9) (1+6+6/6) (1+6+6F+12) (1+5+5/5+10) (1+6+6/6+12)	11~44 10~48 18~52 16~48 14~56
7	8×37	8 个圆股，每股外层丝 14~18 根，中心丝外捻制 3~4 层钢丝，钢丝等捻距	8×36WS 8×41WS 8×49SWS 8×55SWS	(1+7+7/7+14) (1+8+8/8+16) (1+8+8/8+16) (1+9+9/9+18)	14~60 40~60 44~60 44~60
8	18×7	钢丝绳中有 17 或 18 个圆股，在纤维芯或钢芯外捻制 2 层股，外层 10~12 个股，每股外层丝 4~7 根，中心丝外捻制一层钢丝	17×7 18×7	(1+6) (1+6)	6~44 6~44

续表

组别	类别	分类原则	典型结构 钢丝绳	典型结构 股	直径范围 (mm)
9	18×19	钢丝绳中有17或18个圆股，在纤维芯或钢芯外捻制2层股，外层10~12个股，每股外层丝8~12根，中心丝外捻制2~3层钢丝	18×19W 18×19S 18×19	(1+6+6/6) (1+9+9) (1+6+12)	14~44 14~44 10~44
10	34×7	钢丝绳中有34~36个圆股，在纤维芯或钢芯外捻制3层股，外层17~18个股，每股外层丝4~8根，中心丝外捻制一层钢丝	34×7 36×7	(1+6) (1+6)	16~44 16~44
11	35W×7	钢丝绳中有24~40个圆股，在钢芯外捻制2~3层股，外层12~18个股，每股外层丝4~8根，中心丝外捻制一层钢丝	34×7 36×7 35W×7 24W×7	(1+6) (1+6) (1+6) (1+6)	16~44 16~44 12~50 12~50
12	6×12	6个圆股，每股外层丝12根，股纤维芯外捻制一层钢丝	6×12	(FC+12)	8~32
13	6×24	6个圆股，每股外层丝12~16根，股纤维芯外捻制2层钢丝	6×24 6×24S 6×24W	(FC+9+15) (FC+12+12) (FC+8+8/8)	8~40 10~44 10~44
14	6×15	6个圆股，每股外层丝15根，股纤维芯外捻制一层钢丝	6×15	(FC+15)	10~32
15	4×19	4个圆股，每股外层丝8~12根，中心丝外捻制2~3层钢丝，钢丝等捻距	4×19S 4×25Fi 4×26WS 4×31WS	(1+9+9) (1+6+6F+12) (1+5+5/5+10) (1+6+6/6+12)	8~28 12~34 12~31 12~36
16	4×37	4个圆股，每股外层丝14~18根，中心丝外捻制3~4层钢丝，钢丝等捻距	4×36WS 4×41WS	(1+7+7/7+14) (1+8+8/8+16)	14~42 26~46

注：1. 3组和4组内推荐用（a）类钢丝绳。
    2. 12组~14组仅为纤维芯，其余组别的钢丝绳可由需方指定纤维芯或钢芯。
    3. (a) 为线接触，(b) 为点接触。

B. 钢丝绳按捻法分为右交互捻（ZS）、左交互捻（SZ）、右同向捻（ZZ）和左同向捻（SS）四种，如图7-18所示。

C. 钢丝绳按绳芯不同分为纤维芯和钢芯。纤维芯钢丝绳较柔软，挠性好，易弯曲，纤维芯可浸油作润滑，既能防止内部钢丝生锈又能减轻钢丝间的摩擦；金属芯的钢丝绳强度高，能在高温环境下工作，耐重压，硬度大，挠性差。

② 钢丝绳的标记

根据《钢丝绳术语、标记和分类》GB/T 8706—2006 钢丝绳标记格式如图7-19所示。

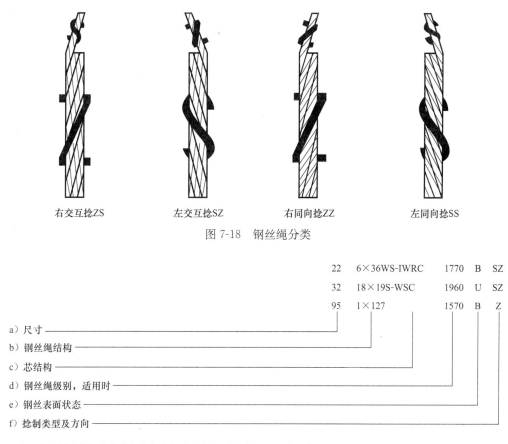

图 7-18 钢丝绳分类

图 7-19 标记系列示例

注：本示例及本标准其他部分各特性之间的间隔在实际应用中通常不留空间。

2) 钢丝绳的选用

① 钢丝绳选用原则

A. 必须有产品出厂合格证；

B. 根据用途选择相应的钢丝绳规格；

C. 用在滑轮中穿绕的钢丝绳应选用质地软有挠性的；

D. 钢丝绳能承受要求的拉力，是指通过计算求出的允许拉力；

E. 起重作业中不能发生钢丝绳扭转、打结等现象；

F. 有较好的耐磨性、耐疲劳，能承受滑轮、卷筒的反复弯曲；

G. 与使用环境相适应，高温和卷筒用的场合宜选用金属芯；高温和有腐蚀的场合宜选用石棉芯。

② 钢丝绳的安全系数

在选择钢丝绳和对其进行计算时，考虑到负荷计算不准，受力分析不精确，材料的不均匀性和施工环境较复杂及施工作业的安全等一系列因素，应让钢丝绳有一定的储备能力，即钢丝绳的最小破断力除以大于1的一个系数，这个系数就叫安全系数。起重作业用的钢丝绳必须留有足够安全系数。

合理正确地确定安全系数是选择和计算钢丝绳受力的重要前提，它必须既要保证安全万无一失，又要符合节约原则。在确定安全系数时，应考虑以下因素：

A. 钢丝绳在使用过程中，受拉、压、弯复杂多变应力，难以准确计算的影响；

B. 钢丝绳工作中经受磨损、锈蚀、疲劳、被绳卡损伤以及经过滑轮槽时的摩擦阻力等所带来的影响；

C. 在吊装设备过程中经常发生冲击和振动情况，如突然停车和启动，使钢丝绳由松驰状态突然成为紧张状态这种由静负荷变为动负荷的影响；

D. 工作中的超载、超负荷的影响；

E. 钢丝绳质量缺陷的影响等。

③ 钢丝绳的受力计算

钢丝绳安全系数 K 值表 7-13

钢丝绳安全系数 K 值　　　　　　　表 7-13

使用情况	安全系数 K	使用情况	安全系数 K
缆风绳用	3.5	用于吊索无弯曲	6
用于手动起重设备	4.5	用于绑扎吊索	8~10
用于机动起重设备	5.5	用于载人升降机	14

钢丝绳允许拉力是钢丝绳实际使用中所允许的承载能力，允许拉力与钢丝绳的最小破断力和安全系数的关系式为：

$$[P] = \frac{S_b}{K} \tag{7-5}$$

[P]——钢丝绳允许拉力（kN）；

S_b——钢丝绳最小破断力（kN）；

K——钢丝绳的安全系数。

④ 钢丝绳使用注意事项

A. 当钢丝绳从卷盘或绳卷展开时，应采取各种措施避免绳的扭转或降低钢丝绳的扭转程度；

B. 钢丝绳的端部要用铁丝绑扎牢，也可以用低焊点金属焊牢或用气焊熔化凝固；

C. 钢丝绳使用时严防与导电线路接触，禁止与电焊把线、接地线触碰；

D. 使用钢丝绳时不能产生锐角曲折、扭结或压成扁平；

E. 钢丝绳在卷扬机上使用时要注意选择捻向与卷筒卷绕方向一致的钢丝绳，即要根据钢丝是右捻还是左捻，卷筒是正转还是反转而采用不同的缠绕方式；

F. 穿钢丝绳的滑轮边缘不得有破裂，以防损坏钢丝绳，滑轮绳槽直径应比绳径大 1mm～2mm，绳槽直径过大，绳易被拉扁，过小则易磨损；

G. 钢丝绳与设备、构件及建筑物棱角接触时，应加垫木块、麻布；

H. 起吊中禁止出现急剧改变升降速度，以免产生冲击载荷，破坏钢丝绳的使用性能；

I. 钢丝绳较短的使用寿命源于缺乏维护保养，因此做好维护保养尤为重要，应在钢丝绳显示干燥或锈蚀之前进行涂油保养，钢丝绳涂的润滑油（脂）应与钢丝绳制造商使用的原始润滑油（脂）一致；

J. 当钢丝绳在断丝、磨损、腐蚀和变形达到报废标准后应立即停止使用。

⑤ 钢丝绳的力学性能见表 7-14。

钢丝绳的力学性能　　　　　　　　　表 7-14

钢丝绳公称直径/mm	参考重量/(kg/100m)			钢丝绳公称抗拉强度/MPa							
				1570		1670		1770		1870	
				钢丝绳最小破断拉力/kN							
	天然纤维芯钢丝绳	合成纤维芯钢丝绳	钢芯钢丝绳	纤维芯钢丝绳	钢芯钢丝绳	纤维芯钢丝绳	钢芯钢丝绳	纤维芯钢丝绳	钢芯钢丝绳	纤维芯钢丝绳	钢芯钢丝绳
3	3.16	3.10	3.60	4.34	4.69	4.61	4.99	4.89	5.29	5.17	5.59
4	5.62	5.50	6.40	7.71	8.34	8.20	8.87	8.69	9.40	9.19	9.93
5	8.78	8.60	10.0	12.0	13.0	12.8	13.9	13.6	14.7	14.4	15.5
6	12.6	12.4	14.4	17.4	18.8	18.5	20.0	19.6	21.2	20.7	22.4
7	17.2	16.9	19.6	23.6	25.5	25.1	27.2	26.6	28.8	28.1	30.4
8	22.5	22.0	25.6	30.8	33.4	32.8	35.5	34.8	37.6	36.7	39.7
9	28.4	27.9	32.4	39.0	42.2	41.6	44.9	44.0	47.6	46.5	50.3
10	35.1	34.4	40.0	48.2	52.1	51.3	55.4	54.4	58.8	57.4	62.1
11	42.5	41.6	48.4	58.3	63.1	62.0	67.1	65.8	71.1	69.5	75.1
12	50.5	50.0	57.6	69.4	75.1	73.8	79.8	78.2	84.6	82.7	89.4
13	59.3	58.1	67.6	81.5	88.1	86.6	93.7	91.8	99.3	97.0	105
14	68.8	67.4	78.4	94.5	102	100	109	107	115	113	122
16	89.9	88.1	102	123	133	131	142	139	150	147	159
18	114	111	130	156	169	166	180	176	190	186	201
20	140	138	160	193	208	205	222	217	235	230	248
22	170	166	194	233	252	248	268	263	284	278	300
24	202	198	230	278	300	295	319	313	338	331	358
26	237	233	270	326	352	346	375	367	397	388	420
28	275	270	314	378	409	402	435	426	461	450	487
30	316	310	360	434	469	461	499	489	529	517	559
32	359	352	410	494	534	525	568	557	602	588	636
34	406	398	462	557	603	593	641	628	679	664	718
36	455	446	518	625	676	664	719	704	762	744	805
38	507	497	578	696	753	740	801	785	849	829	896
40	562	550	640	771	834	820	887	869	940	919	993
42	619	607	706	850	919	904	978	959	1040	1010	1100
44	680	666	774	933	1010	993	1070	1050	1140	1110	1200
45	743	728	846	1020	1100	1080	1170	1150	1240	1210	1310

注：最小钢丝破断拉力总和＝钢丝绳最小破断拉力×1.226（纤维芯）或 1.321（钢芯）。

3. 滑轮和滑轮组的分类、选配原则和使用注意事项

起重吊装作业中，滑轮及滑轮组是不可缺少的起重工具之一。配合卷扬机、桅杆、吊机、吊具、索具等进行设备的运输和吊装工作。

(1) 滑轮的构造和分类

1) 滑轮的构造草图如图 7-20 所示,这是一支定滑轮,它由吊钩(吊环)、滑轮、中央枢轴、横杆和夹板等组成。滑轮在轴上可以自由转动,在滑轮的外缘上制有环形半圆形槽,作为钢丝绳的导向槽,钢丝绳安装在半圆形槽中,滑轮槽尺寸应保证钢丝绳顺利通过,并使钢丝绳与绳槽的接触尽可能大,因钢丝绳绕过滑轮时要产生变形,故滑轮槽底半径应稍大于钢丝绳直径,一般为 1mm～2mm。

2) 滑轮的分类

① 按制作材质分有木滑轮和钢滑轮。

② 按使用方法分有定滑轮、动滑轮以及动、定滑轮组成的滑轮组。

③ 按滑轮数量多少分有单滑轮、双滑轮、三轮、四轮以及多轮等。

④ 按其作用分有导向滑轮、平衡滑轮。

⑤ 按连接方式分有吊钩式、链环式、吊环式和吊梁式等,如图 7-20 所示。

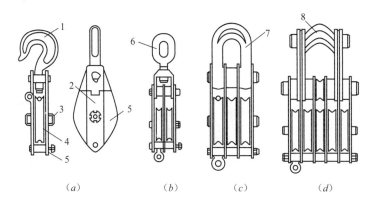

图 7-20 滑轮

(a) 单门开口吊钩型;(b) 双门闭口链环型;(c) 三门闭口吊环型;(d) 三门吊梁型

1—吊钩;2—拉杆;3—轴;4—滑轮;5—夹板;6—链环;7—吊环;8—吊梁

(2) 滑轮的作用

1) 定滑轮是用作支持绳索运动的,通常作为导向滑轮和平衡滑轮使用,它能改变绳索的受力方向,而不能改变绳索的速度,也不能省力。

2) 使用动滑轮时,因设备或构件由两根绳索分担,所以每根钢丝绳所分担的力,只是设备或构件等重物质量的 50%。

3) 导向滑轮也叫开门滑轮,它同定滑轮一样,既不省力,也不能改变速度,只能改变钢丝绳的走向。这种滑轮的夹板可以开启,使用时,将钢丝绳的中间部分从开口处放进去,导向滑轮通常用在起重桅杆的底脚处和卷扬机的卷筒前方。

4) 滑轮组是由一定数量的动滑轮、定滑轮通过钢丝绳穿绕组成。它具有动、定两种滑轮的特点,可改变力的方向,又能省力。利用滑轮组这一特点可用较小的牵引力起吊重量很大的设备。

(3) 选配滑轮的原则

1) 选用滑轮时,应首先熟悉其使用说明书。

2) 设备或构件的质（重）量和提升高度是选配滑轮组的重要依据。

3) 在卷扬机的牵引力一定时，滑轮组的轮数越多，速比也就越大，起吊能力也就越大。

4) 提升设备或构件时，卷扬机要克服全部滑轮的阻力才能工作，而下降时则相反。

5) 滑轮组采用双跑头牵引时，可以克服滑轮的偏斜，减少滑轮组的运动阻力，吊装速度加快，并能提高牵引量。

6) 滑轮作为导向滑轮时，滑轮的吨位应比钢丝绳牵引力大 1 倍，如钢丝绳拉力为 5t 时，则应用 10t 滑轮。

(4) 滑轮的材质和系列

1) 滑轮的材质

① 滑轮的材质有铸铁、球墨铸铁和铸钢等。

② 铸铁滑轮加工比较容易，对钢丝绳磨损较小，但强度低，脆性大，滑轮特别是轮缘易损坏。

③ 球磨铸铁滑轮强度高，加工性能好，有韧性，不易破损。

④ 铸钢滑轮主要用于吊装大型设备等起重量大的地方，它韧性好，强度高，但表面硬度高，对钢丝绳磨损较大，制作成本也高。

2) 滑轮系列

H 型系列是常用的滑轮系列，其起重量符合国家标准的规定，该系列有 14 种吨位，11 种直径，17 种结构形式，共 103 个规格，具体见表 7-15。

H 系列滑轮代号一览表　　　　表 7-15

滑轮型式				0.5	1	2	3	5	8	10	16	20	32	50	80	100	140
单轮	开口	桃型	吊钩	H0.5×1K$_B$G	H1×1K$_B$G	H2×1K$_B$G	H3×1K$_B$G	H5×1K$_B$G	H8×1K$_B$G	H10×1K$_B$G	H16×1K$_B$G	H20×1K$_B$G					
			链环	H0.5×1K$_B$L	H1×1K$_B$L	H2×1K$_B$L	H3×1K$_B$L	H5×1K$_B$L	H8×1K$_B$L	H10×1K$_B$L	H16×1K$_B$L	H20×1K$_B$L					
	闭口		吊钩	H0.5×1G	H1×1G	H2×1G	H3×1G	H5×1G	H8×1G	H10×1G	H16×1G	H20×1G					
			链环	H0.5×1L	H1×1L	H2×1L	H3×1L	H5×1L	H8×1L	H10×1L	H16×1L	H20×1L					
双轮			吊钩		H1×2G	H2×2G	H3×2G	H5×2G	H8×2G	H10×2G	H16×2G	H20×2G					
			链环		H1×2L	H2×2L	H3×2L	H5×2L	H8×2L	H10×2L	H16×2L	H20×2L					
	闭口		吊环		H1×2D	H2×2D	H3×2D	H5×2D	H8×2D	H10×2D	H16×2D	H20×2D	H32×2D				
三轮			吊钩				H3×3G	H5×3G	H8×3G	H10×3G	H16×3G	H20×3G					
			链环				H3×3L	H5×3L	H8×3L	H10×3L	H16×3L	H20×3L					
			吊环				H3×3D	H5×3D	H8×3D	H10×3D	H16×3D	H20×3D					

续表

滑轮型式	滑轮代号		滑轮吨位												
			0.5	1	2	3	5	8	10	16	20	32	50	80	100	140
四轮	闭口	吊环						H8×4D	H10×4D	H16×4D	H20×4D	H32×4D	H50×4D			
五轮	闭口	吊环									H20×5D	H32×5D	H50×5D	H80×5D		
		吊梁										H32×5W	H50×5W	H80×5W		
六轮		吊环										H32×6D	H50×6D	H80×6D	H100×6D	
七轮		吊环												H80×7D		
八轮		吊环													H100×8D	H140×8D
		吊梁													H100×8W	H140×8W

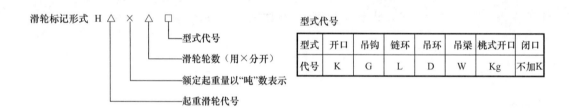

型式	开口	吊钩	链环	吊环	吊梁	桃式开口	闭口
代号	K	G	L	D	W	Kg	不加K

(5) 滑轮使用注意事项

1) 使用前的检查

使用前要对滑轮槽、轮轴、夹板、吊钩、吊环等部位进行检查，查看是否有裂纹、破损、变形等缺陷，轴的定位装置正确与否，轮槽是否光滑，开口滑轮的夹板是否关牢，润滑是否良好等。

2) 滑轮的使用

① 要严格按照滑轮及滑轮组产品的额定载荷使用，不允许超载。

② 滑轮使用时，在钢丝绳穿绕完毕，开动卷扬机慢慢收紧钢丝绳进行试吊时，注意检查有无卡绳和擦绳，滑轮轮轴不在水平状态下工作时，要及时进行调整。

③ 滑轮组起吊重物时，定滑轮和动滑轮间距不应小于滑轮直径的5倍。

3) 滑轮的选择

① 吊运中对于受力方向变化大和高处作业场所，禁止使用吊钩型滑轮，要使用吊环型滑轮，以防脱绳事故发生。

② 若用多门滑轮而仅使用其中几门时，应按滑轮门数比例降低其起重量，以确保安

全，如使用 500kN 的 5 滑轮，当只使用其 3 门时，则其起重能力为 300kN。

③ 滑轮组一般说来，滑轮门数愈多，跑绳拉力愈小，但阻力增大而效率降低。

4) 滑轮的维护保养

① 对滑轮易损件，如当滑轮轴磨损超过轴颈的 2％时，应予报废更换；当滑轮的轴套磨损超过轴套厚度的 1/5 及滑轮槽磨损达到壁厚的 10％时均应更换，以确保安全使用。

② 滑轮用后要刷洗干净，并擦油保养，转动部分要经常润滑，保管在干燥处。

4. 常用手工电弧焊机

电焊机是将电能转换成焊接能量并能实现焊接操作的整套装置，包括焊接电源及附件等。电弧焊机是利用电弧热量熔化金属而进行焊接的电焊机。手工电弧焊机是用手工操作电焊钳进行焊接的电弧焊机。

（1）分类

常用的电弧焊机按焊接电源分类有交流焊机和直流焊机两类，所需附件主要有一次电源（高压侧）配电箱、电源线，二次侧焊接电缆（电焊把线）、大电流快速接头、接地线及接地线夹、电焊钳、防护面罩、防护手套。

1) 交流焊机

交流焊机又称弧焊变压器，是一种特殊的变压器，它把网路电压的交流电变成适宜于弧焊的低压交流电，由主变压器及所需的调节部分和指示装置等组成，其电流波形为正弦波，输出电压为交流下降外特性。交流弧焊机主要有串联电抗器式（包括饱和电抗器式、分体动铁式、同体动铁式）和增强漏磁式（包括动铁式、抽头式和动圈式）二种。它具有结构简单、易造易修、成本低、磁偏吹小、空载损耗小、效率较高等特点，但电弧稳定性较差，一般应用于普通构件的焊接，采用酸性焊条施焊。常用交流焊机有 BX3 系列产品等。

2) 直流焊机

直流焊机分为整流式和旋转直流弧焊发电机式二大类。弧焊整流器是一种将交流电经过变压、整流转换成直流电的焊接电源。整流式分为磁放大器式、动铁式、动圈式、可控硅整流式、晶体管式、多站式等，而发电机式直流焊机因为能耗大，目前基本已被淘汰。直流焊机电弧稳定性较好，但结构相对复杂、空载损耗较大、价格较高，易发生磁偏吹现象，适用于较重要结构的焊接，采用碱性焊条施焊。常用整流式直流焊机有 ZX5 系列等。

逆变焊机是一种新型的焊接电源。这种电源一般采用三相交流电源供电，380V 交流电经三相全波整流后变成高压脉动直流电，经过滤波变频后变成几百赫兹到几十千赫兹的中频高压交流电，再经中频变压器降压，再次整流并经电抗滤波输出相当平稳的直流焊接电流。经过这一系列逆变过程，实现了整机闭环控制，改善了焊接性能。逆变焊机具有高效节能、体积小、功率因数高、焊接性能好等优点，适合普及应用。我国生产的逆变焊机主要有 ZX7 系列产品等。

常用电弧焊机性能比较见表 7-16。

常用电弧焊机性能比较　　　　表 7-16

项　目	交流焊机	整流式直流焊机	逆变焊机
电弧稳定性	差	好	好
电网电压波动影响	较小	较大	小
功率因数	低	较高	高
空载损耗	较大	较大	小
效率	低	较高	高
噪声	较大	较小	小
体积	大	较大	小
重量	重	较重	轻
价格	低	较高	较高

(2) 电焊机型号表示方法

国产焊机型号按照《电焊机型号编制方法》GB 10249—1988 进行编制，采用汉语拼音字母和阿拉伯数字表示，电焊机型号书写分五个字位组成，第一位大类名称用字母表示，第二小类名称用字母表示，第三位附注特性用字母表示，第四位系列系数用数字表示，第五位基本规格标示额定电流，第四位与第五位间用"—"号隔开。

电焊机型号表示方法如下：

1—大类名称，如：A 弧焊发电机，Z 弧焊整流器，B 弧焊变压器；

2—小类名称，如：X 下降特性（手工电弧焊常用），P 平特性，D 多特性；

3—附注特征，如：在 A 大类中，省略表示电动机驱动，D 单弧焊发电机，Q 汽油机驱动，C 柴油机驱动，T 拖拉机驱动，H 汽车驱动；

4—系列序号；

5—基本规格，如 300，表示额定电流为 300A；

6—派生代号；

7—改进序号。

说明：

1) 型号中 1、2、3、6 各项用汉语拼音字母表示。

2) 型号中 4、5、7 各项用阿拉伯数字表示。

3) 型号中 3、4、6、7 项如不用时，其他各项排紧。

4) 附注特征和系列序号用于区别同小类的各系列和品种，包括通用和专用产品。

5) 派生代号以汉语拼音字母的顺序排列。

6) 改进序号按生产改进程序用阿拉伯数字连续编号。

7) 特殊环境用的产品在型号末尾加注，其代表字母分别为：热带 T、湿热带 TH、干热带 TA、高原 G、水下 S。

8) 可同时兼作两大类焊机使用时，其大类名称的代表字母按主要用途选取。

常用手工电弧焊机型号的代表字（符号）表示见表 7-17。

常用手工电弧焊机型号的代表字母（符号）表　　　　表 7-17

序号	第一字位		第二字位		第三字位		第四字位		单位	基本规格
	代表字母	大类名称	代表字母	小类名称	代表字母	附注特征	数字序号	系列序号		
1	A	弧焊发电机	X P D	下降特性 平特性 多特性	（省略） D Q C T H	电动机驱动 单纯弧焊发电机 汽油机驱动 柴油机驱动 拖拉机驱动 汽车驱动	（省略） 1 2	直流 交流发电机整流 交流	A	额定焊接电流
2	Z	弧焊整流器	X P D	下降特性 平特性 多特性	（省略） M L E	一般电源 脉冲电源 高空载电压 交直流电源	（省略） 1 2 3 4 5 6 7	磁放大器或饱和电抗器式 动铁心式 动线圈式 晶体管式 晶闸管式 交换抽头式 变频式	A	额定焊接电流
3	B	弧焊变压器	X P	下降特性 平特性	L L	高空载电压 高空载电压	（省略） 1 2 3 4 5 6	磁放大器或饱和电抗器式 动铁芯式 串联电抗器式 动圈式 晶闸管式 交换抽头式	A	额定焊接电流

（3）常用手工电弧焊机的选择

1）根据所用焊条的种类选用焊机

采用酸性焊条焊接一般结构时，应选用结构简单且价格较低的交流焊机；采用碱性焊条焊接合金钢、有色金属和压力容器、压力管道、锅炉等重要部件时，应选用直流焊机，保证电弧稳定燃烧。

2）根据焊接产品所需要的焊接电流范围和实际负载持续率来选择焊机的额定焊接电流。

选用焊机时，应注意使焊机铭牌上所标注的额定电流值要大于焊接过程中的焊接电流值，否则容易损坏焊机。

3）根据焊接现场工作条件和节能要求来选择焊机

如现场移动性大，则应采用重量较轻、较灵活的焊机。如野外无电源，则应选用汽油机或柴油机拖动的弧焊发电机。对于要求较高的焊接工作，尽可能选用逆变焊机，以获得满意的焊接质量，同时达到高效节能的目的。

（4）使用焊机应注意的安全问题

1）焊机应远离易燃易爆物品；焊机应与安装环境条件相适应；焊机应通风良好，避免受潮，并能防止异物进入。

2）焊机外壳应可靠接地。

3) 电源电压应与焊机额定电压相符合；工作电流不得超过相应暂载率下的许用电流。

4) 焊机应经端子排接线；接线应正确，避免产生有害的环流。

5) 多台焊机应尽量均匀地分接于三相电源，尽量保持三相平衡。

6) 焊机的一、二次电源线均应采用铜芯橡皮电缆（橡皮套软线）；一次线长度不宜超过 2～3m。

7) 焊机一、二次线圈绝缘电阻合格。

8) 移动焊机时必须在停电后进行；调节焊接电流时，应在空载下进行。

9) 在电击危险性大的环境作业，焊机二次侧宜装设熄弧自动断电装置。

10) 弧焊作业时应穿戴绝缘鞋、手套、工作服、面罩等防护用品；在金属容器中工作时，还应戴上头盔、护肘等防护用品，保持通风良好。

11) 工作完毕后应及时切断电源。

5. 金属风管的制作机械

金属风管的制作，经历了用手工工具操作阶段、部分机械化、全部机械化制作阶段和自动化制作阶段，见证了通风与空调工程制作安装的技术进步的进程。现将较普遍使用的机械化制作所应用的主要机械做简明的介绍。

（1）剪板机

1) 外形如图 7-21 所示。

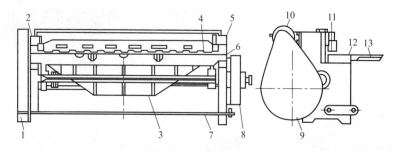

图 7-21 剪板机

1—飞轮带轮防护罩；2—左立柱；3—滑料板；4—压料器；5—右立柱；
6—工作台；7—脚踏管；8—离合器防护罩；9—飞轮带轮防护罩；
10—挡料器齿条；11—电动机；12—平台；13—托料架

2) 工作原理

由电动机经皮带轮，带动飞轮传动轴，当脚踏管踩下，离合器啮合偏心轮转动，同时飞轮释放储能，从而使剪板机上刀片下落而剪切钢板，通常要踩一次脚踏管剪切一次，不要踩住不放而导致上刀片反复上下。以免发生事故。

3) 用途

用以剪切风管制作下料用的钢板，要熟悉剪板机的使用说明书，不能超越其负荷能力的限制。

（2）卷板机

1) 外形如图 7-22 所示。

七、常用的施工机具　89

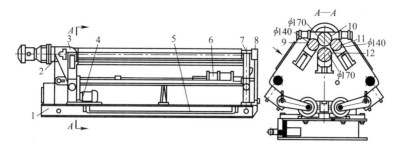

图 7-22　卷板机
1—焊接机架；2—转动轴轴颈；3—支柱；4—电动机；5—紧急踏板；6—气缸；
7—支柱；8—可放倒的轴承；9—侧滚轴；10—上滚轴；11—侧滚轴；12—下滚轴

图示的卷板机为四辊卷板机，可以对厚板端部按需要先卷出弧度，俗称打头。而通风工程大量的薄板风管的卷圆只要用三辊卷板机即可，三辊的断面布置成等边三角形状，两个侧辊作水平方向同步移动，就可改变卷管需要的直径。

2）工作原理

四辊卷板机工作时，先将待卷钢板端部从卷板一侧（进料侧）伸至上、下辊间，压紧，起动进料侧的侧辊，使之由最低位置斜向上伸，钢板端部发生弯曲至需要的弧度，调整出料侧的侧辊高度与进料侧辊一致，开动主传动的上滚轴或下滚轴（因不同型号的主传动轴是不尽相同的），即可对钢板卷圆。

3）用以非螺旋形圆风管的卷圆，卷圆时要处理好直焊缝两边的端部圆度，可以采用焊后复卷找圆的方法。

（3）扳边机

1）手动扳边机如图 7-23 所示，电动扳边机如图 7-24 所示。

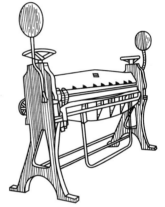

图 7-23　手动扳边机

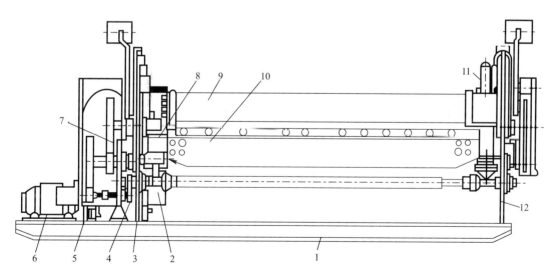

图 7-24　电动扳边机
1—焊制机架；2—调节螺钉；3、12—立柱；4、5—齿轮；6—电动机；
7—杠杆；8—工作台；9—压梁；10—折梁；11—调节压杆

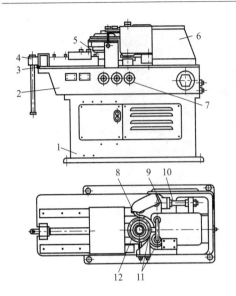

图 7-25 法兰弯曲机
1—机箱；2—机体护板；3—台面；4—螺杆；
5—压模；6—轧辊组；7—开关；8—活动弯
曲轧辊；9—回转杠杆；10—螺杆；
11—固定轧辊；12—法兰

2）工作原理

手动扳边机和电动扳边机的工作原理是一样的，仅是动力来源不相同。两者都有压梁和折梁，待钢板在压梁下压紧后，然后翻起折梁至 90°则扳边或折方获得成功。且两者均配有省力省功的平衡重。

3）用途

用以钢板咬口的折弯和矩形风管的折方，手动扳边机通常用于板材厚度在 1.2mm 及以下，电动扳边机通常用于板材厚度在 3.0mm 及以下。

(4) 角钢法兰弯曲机

1）角钢法兰弯曲机如图 7-25 所示。

2）工作原理

简单地说，有点像将圆钢丝卷成弹簧一样，不过角钢法兰弯曲机是将长长的角钢卷成如弹簧一样的连接持续的法兰，只要切割一下便可得所需直径（预设好的）的单个圆法兰，为了使角钢在卷制过程不发生扭曲和断面变形，该机器除有轧辊组外，还有可调节压模等其他主要部件组成。

3）用途

用以圆形风管法兰连接所需的角钢法兰的制作，由于将通长的角钢连续卷圆，所以零料可以拼接成形，减少了材料损耗。

(5) 咬口机

1）咬口机的外形如图 7-26 所示。

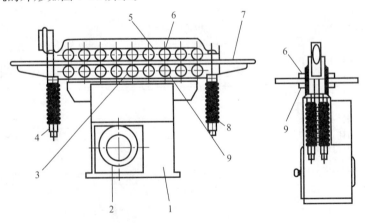

图 7-26 咬口机
1—机架；2—电动机；3—下凸轮传动装置；4—松紧螺母；
5—上凸轮传动装置；6—上转轴；7—工作台；8—盘状弹簧持紧器；9—下转轴

2）工作原理

咬口机主要靠上、下凸轮转动装置形成的压力而得到所需的咬口形式，不同的咬口形式通过选择其所备 9 对凸轮中的某几对投入运转而得。

3）用途

用以金属板材厚度在 0.5mm～1.0mm 的风管、部件端口压成各类咬口形状，然后进行风管的咬接。由于咬口机有 9 对凸轮，所以它可以轧制各类咬口形状。

6. 试压泵的规格和使用

（1）给水管道安装后都要用试压泵做强度和严密性试验，试压泵有电动的和手动的两类，系统大的用电动的可省时省力，系统小的用手动的易于控制。但泵的泵体都属于柱塞式泵。

（2）以 S-SY 型为例，手动试压泵的外形如图 7-27 所示。其规格性能如表 7-18。

图 7-27　单缸手动试压泵

单缸手动试压泵性能表　　　　　表 7-18

型　号	额定工作压力/MPa	每次流量/(ml/次)	柱塞直径/mm	柱塞行程/mm	手柄最大施力≤N	外形尺寸长×宽×高/mm	重量/kg
S-SY/5	5	22	36	30	300	753×200×935	20
S-SY/6.3	6.3	22	36	30	300	753×200×935	20
S-SY/10	10	16	32	30	300	753×200×935	20
S-SY/16	16	10	22	30	360	753×200×935	20
S-SY/25	25	6.3	18	30	360	753×200×935	20
S-SY/40	40	4.0	14	30	360	753×200×935	20
S-SY/63	63	2.8	12	30	400	753×200×987	20
S-SY/80	80	1.8	10	30	400	753×200×987	20

（3）以 4D-SY 型为例，电动试压泵的外形如图 7-28 所示。其规格性能如表 7-19。

图 7-28　电动试压泵

电动试压泵性能表 表 7-19

型号	额定排出压力 MPa	流量 L/h		柱塞直径		往复次数	配套电机功率	外形尺寸长×宽×高/mm	重量 kg
		高压时	低压时	高压	低压				
4D-SY160/6.3	6.3	160	530	32			1.1	815×480×1055	215
4D-SY100/10	10	100	450	25					
4D-SY63/16	16	63	400	20					
4D-SY40/25	25	40	380	16	45	51			
4D-SY30/40	40	30	360	14					
4D-SY22/63	63	22	340	12			1.5	840×480×1055	
4D-SY16/80	80	16	340	10					

（4）试压泵的设置位置和使用

1）试压泵一般设在建筑的首层或设在室外管道引入口处，即处于整个给水系统的低位处。

2）除试压泵上装有一个检测用的压力表外，给水系统便于观察处再装一个检测用压力表，两只压力表均应检定合格，在使用有效期内。

3）新型试压泵首次使用者，要阅读设备使用说明书，以利掌握操作要领，做到安全使用。

4）电动试压泵的电气安全保护接地良好，试压操作前应进行检查。

5）冬季、试压泵使用后要排除泵体内的积水，避免发生冻害事故。

下篇 专业技能

八、编制施工组织设计和施工方案

由于现行管理制度的原因,房屋建筑安装工程的施工方通常为建筑工程施工单位的分包方,即建筑工程施工方为总包单位,而工程的施工组织总设计理应由总包单位编制,但安装工程分包方要提供资料、积极配合,现场岗位管理人员要掌握理解施工组织设计的编制方法和原则,所以教材的重点是专项施工方案的编制方法和要求。

(一)技能简介

本节主要对施工员应具备的施工组织设计编制要点和施工方案编制方法的理解作出介绍,并通过案例分析以考核其实际工作能力。

1. 关于施工组织设计

(1)编制分工

1)由于房屋建筑安装工程的承包单位是建筑工程承包单位的分包单位,因而其编制的部分施工组织设计内容或某个施工方案要与总包单位编制的施工组织设计(或施工组织总设计)在构思上、目标上、形式或格式上、审批论证程序上均要与总包单位保持一致。

2)在参与施工组织设计或施工组织总设计编制前应与总包单位充分沟通,明确编制思路和要求,统一编制计划进程,确定完成目标日期。

3)房屋建筑安装工程的施工组织设计的书面文件资料由总承包单位收到后进行统一编排。

(2)编制实施

1)房屋建筑安装工程施工单位按施工组织设计的编制原则、编制依据和编制内容等原则规定结合施工项目实际和总包单位的要求,组建编制小组。

2)按与总包单位商定的程序和要求展开施工组织设计中设备安装部分的编制工作。

3)按时间节点要求向总包单位提交本项目分工编制的设备安装的施工组织设计部分的书面文件。

4)要对提交的书面文件能及时按审查意见进行有舍取的修正。

2. 关于专项施工方案

（1）方案的确定

1）专项施工方案类别和数量由房屋建筑设备安装施工单位自行确定，并告知总包单位。

2）是否要进行专家论证，由项目部报本企业技术负责人批准，并征得总包单位同意。

（2）方案的比较

1）对一个具体对象编制的施工方案不应少于 2 个，以便遴选和优化。

2）比较的方法是从技术和经济两方面进行，具体如下：

① 技术先进性比较

A. 比较不同方案的技术水平。

B. 比较不同方案的技术创新程度。

C. 比较不同方案的技术效率。

D. 比较不同方案实施的安全可靠性。

② 经济合理性比较

A. 比较不同方案的投资额度。

B. 比较不同方案对环境影响产生的损失。

C. 比较不同方案对工程进度时间及其发生费用的大小。

D. 比较不同方案的投资中发生的手段用料或添置的施工机械可重复使用的程度。

E. 比较不同方案对施工产值增长率的贡献（即单位时间内产值的增长量）。

③ 重要性比较

A. 比较不同方案推广应用的价值。

B. 比较不同方案的社会效益（如资源节约、污染降低）。

3）进行方案比较时，可先设计比较表，采用列表比较法，可以更清晰地得到每个方案的性价比。

（二）案例分析

本节以案例形式说明施工组织设计和施工方案编制时应注意的事项，通过学习以提高编写的能力。

1. 施工组织设计的编制

（1）案例一

1）背景

A 公司自 B 公司分包承建某商住楼的建筑设备安装工程，该工程地下一层为车库及变配电室和水泵房鼓风机房组成的动力中心，地上三层为商业用房，四层以上为住宅楼（有两幢）。建筑物的公用部分，如车库、动力中心、走廊、电梯前室等要精装修交付，商场和住宅为毛坯交付。B 公司安排了单位工程施工组织设计，提出施工总进度计划，交给 A 公司,并要求 A 公司编制建筑设备安装进度计划交总包方审查,以利该工程按期交付业主。

2) 问题

① A 公司接到 B 公司的施工总进度计划后,应怎样策划建筑设备安装施工进度计划?

② 要按期将工程交付使用,A 公司应怎样考虑各专业间的衔接?

③ A 公司为了如期完成进度计划,尚须有哪些必要的与外部沟通的时间节点?

3) 分析解答

① A 公司的施工进度计划的策划大致分为三个阶段。第一阶段是与土建工程施工全面配合阶段,自建筑地下室施工开始直至建筑物结顶为止,主要做好防雷接地系统的连接导通和各种预留预埋工作,还要做好如早期完成的墙体在粉刷前埋管埋支架等工作。第二阶段是全面安装的高峰阶段,自建筑物结顶开始土建进行自上而下的粉刷装修直至装修基本完成,期间以毛坯交付的建筑部分安装工程的水电风仅装止于集中供给点,室内基本不展开,由具体用户实行精装修时再次完成,所以该部分安装与建筑施工交叉量不大,也较好管理,进度也可顺利完成。而要以精装修交付的公用部分,安装工程要全面完成,与建筑施工交叉多是协调管理的重点,也是控制施工进度计划的重点。第三阶段是安装工程由高峰转入收尾,全面进入试运转阶段,这时进度计划要注意留有余地,有时间对试运转发现的问题进行整改,不致延误交付的期限。

② A 公司承建的安装工程,最终都要试运转,实行动态考核,所以各专业虽然同时开始于与土建配合施工,但电气专业的动力部分要先于其他专业动设备安装而完成施工,否则势必影响动设备(水泵、风机、制冷机)的试运转,但有试运转要求的动设备要在通电前完成所有静态的试验工作,如试压、冲洗、滑润油加注、盘车检查、冷却回路通水试验等工作。

③ 由于 A 公司在第三施工阶段要进行试运转,使用施工用电、临时用水显然不能满足要求,因而要与当地供电部门、供水部门在施工计划中确定供给的时间节点,如锅炉为燃气的同样要求明确的供给时间节点。此外,为了顺利交付使用,对消防工程的验收也应明确消防验收的时间安排。这些时间节点安排,起着推动促进施工进度计划完成的作用。

(2) 案例二

1) 背景

A 公司在闹市区十字路口承建一大型商场的机电安装工程,建筑物为地下一层、地上五层,两边均靠近道路、紧贴人行道,地下室为商场仓储用和部分停车场,其他周界都有已建建筑物靠近,施工用地紧张。

2) 问题

① A 公司应怎样考虑生产、生活设施的安排?

② 现场材料进场的顺序和施工进度应如何安排?

③ 施工临时设施平面布置图是否要多次变更?材料堆放场地的注意事项是什么?

3) 分析与解答

① A 公司根据施工现场施工用地紧张的实际状况,必须按建设工程安全生产管理条例规定对生产生活临时设施进行安排,使之既符合生产需要又符合安全要求。

条例规定办公、生活区与作业区要分开设置,并且指明尚未竣工的建筑物内不得设置员工的集体宿舍。

因而 A 公司提出如下临时设施的安排：

A. 提出申请向当地市政管理部门要求占用部分人行道，做仓库和作业班组在配合土建工程施工用的临时材料堆放场地和作业人员休息处，直至地下室顶板拆模后迁入，归还占用的人行道。

B. 办公用房和员工宿舍等就近租用场地搭设具有产品合格证的装配式活动房屋，该房屋符合当地建设行政主管部门的安装、验收和使用规定。该办公生活设施以距离现场步行不超过 15 分钟为宜，以免影响员工午间休息，而办公用房在商场一层顶板拆模后迁入。

C. 需现场加工制作的非标准或零星的支架等制作场地可安排在地下室进行，当然要在地下室拆模后实施。

② 本工程施工用地有限，不可能设立较大的仓储场所，只能利用已建成的建筑物底层做大宗材料的堆放场地，为减少材料的二次搬运和降低费用，又不影响土建、装修和安装的施工作业面的有效利用，因而施工进度安排和安装材料进场顺序要有机合理地衔接，确保安装施工有节奏进行，安装工程自建筑物结顶后形成高潮，进度计划要自上而下安排，材料进场亦需按自上而下的需要陆续进场，则可缓解堆场紧张的矛盾，此外地下室的安装可穿插进行，使用的材料、设备可直送地下室，不会造成对该工程用大楼底层做材料堆场的干扰。

③ 因为生产、办公设施，尤其是材料堆放场地在施工全过程中要做多次变动，所以在施工组织设计中的总平面布置图相应的要作出变动，即需画出不同时期的多张总平面布置图。

现场材料堆放场地应注意的事项有：

A. 应方便施工，避免或减少二次搬运；

B. 要不妨碍作业位置，避免料场迁移；

C. 符合防火、防潮要求，便于保管和搬运；

D. 码放整齐，便于识别，危险品单独存放。

(3) 案例三

1) 背景

某公司中标承建的一体育中心，在施工组织设计编制完成，批准开工后实施，公司为了实施时能正确执行施工组织设计的要求，对项目部的施工管理岗位人员进行了交底，并再一次对进度计划编制与资源需要量计划衔接的技能测试作出讲评，目的是依据施工组织设计的施工总进度计划编制阶段性的季、月施工进度作业计划及相应的施工资源需要量计划。

2) 问题

① 资源管理内容有哪些？安装工程对资源管理有什么特殊的方面？

② 阶段性施工进度计划编制与资源需量计划的衔接要注意哪些事项？

③ 人力资源管理中的特殊作业人员是怎样界定的？对其管理有何原则要求？

3) 分析与解答

① 施工项目资源管理的资源是指人力、材料、机械设备（施工机械）、技术和资金五种。安装工程资源管理的特殊点主要表现在人力资源方面有特殊作业人员和特种设备作业

两类人员的专门管理规定，在材料管理方面要注意强制认证的产品使用管理和特殊场所（如防爆产品）使用的管理，还有消防专用产品的管理，而施工机械管理要注意起重机械和压力容器（如空压机贮罐）的使用管理。

② 阶段性施工进度计划（作业计划）要依施工总进度计划的控制节点为准，一般不可自行调整，只有在总进度计划实施中受到大的干扰，如重大设计变更、主要设备供应商不能如期供货、自然灾害等使计划执行发生偏差而延误，在阶段性计划中可以作出修正，但必须积极地在编制计划中采取措施以使几个阶段后消弭这类偏差。阶段性资源需要量受施工组织设计中提出的资源需要量总量控制。只有因设计变更而发生变动，阶段性资源需要量计划在时间节点上与施工进度计划基本保持同步，所以说是基本上，是因为资源需要计划要先行一段时间，且在完成进度计划后还持有一定备量，以利下一阶段施工计划的实施，这样两种计划的衔接，可以保持施工的持续进行。

③ 安装工程施工的特殊作业人员有两类，一是建设工程安全生产管理条例明确的特种作业人员，二是特种设备安全监察条例明确的特种设备作业人员，这两类人员作业中易发生人员伤亡事故，对操作者本人及他人，以及周围的设施安全造成重大的危害。前者指明的工种有焊工、起重工、电工、场内车辆（叉车）运输工、架子工等；后者指明的工种有焊工、探伤工、司炉工、水处理工等。

对特殊作业人员管理的基本要求是：

A. 必须经考试或考核合格、持证上岗。

B. 合格证书要按规定期限进行复审。

C. 离开特殊作业一定期限（通常为6个月以上）者，必须重新考试合格，方可上岗。

(4) 案例四

1) 背景

A公司承建的某四层工业用标准厂房的机电安装工程，在厂房结顶后，安装工程全面展开，员工进场较多，宿舍区一时无法全部容纳。好在厂房三层以上宽敞明亮，门窗已安装，项目部在厂房一角围建临时宿舍安置员工。是日雨夜，一名上班一周不到的民工，半夜起床小便，因外面下雨，便在厂房内行走至另一边远离宿舍处去便溺，不慎从三楼设备吊装孔坠落身亡，造成重大伤亡事故。

2) 问题

① 这是一起什么性质的事故？

② 项目部在尚未竣工的厂房设置宿舍是否违法？

③ 多层厂房施工的安全防范措施主要有哪些？

3) 分析与解答

① 目前我国企业职工伤亡事故分类标准规定共有20种，分别是物体打击、车辆伤害、机械伤害、起重伤害、灼烫、火灾、触电、淹溺、高处坠落、坍塌、冒顶、透水、放炮爆破、火药爆炸、瓦斯煤尘爆炸、锅炉爆炸、容器爆炸、煤与瓦斯突出、中毒和窒息、其他。事故性质类别的确定是按起因定的，比如工人在作业时因触电发生坠落致死致伤，应认为是触电事故。该民工走路时误入无防护的吊装孔而坠落身亡，性质属于高处坠落。

② 项目部把员工宿舍安排在尚未竣工的建筑物内，况且建筑物的安全防护不完善，

这种行为显然违反了建设工程安全生产管理条例的有关规定。

③ 建筑物在施工期主要是"四口"要有防止人体坠落的防护，即楼梯口、电梯厅门口、吊装洞口、预留洞口等，还要防止物体坠落贯通伤人。所以楼梯口、电梯厅门口、楼梯边以及其他临边处均要设置临时护栏，且有可靠的强度，护栏高度不低于 1.2m，所有楼板的洞口应有临时盖板盖好，且固定可靠不易移动，吊装孔要经常吊运设备或材料的，其周边亦应设护栏，洞口内可设便于拆卸的、足够强度的安全网。在有可能有人晚间活动的场所要配有适当的照明装置，尤其在较危险的部位。

(5) 案例五

1) 背景

A 公司承建一高层建筑的建筑设备安装工程，在建筑土建工程施工配合期间，其配合的施工流向不言而喻要服从于建筑施工，大楼结顶后安装工程施工的安排方有较多的主动性，合理地安排施工程序，确保质量和进度，最终按合同期限交付使用。

2) 问题

① 配合期间防雷接地的施工流向是否符合工艺规律？

② 给水排水工程除配合外应怎样安排施工流向？

③ 通风与空调工程的施工流向的安排特点是什么？

3) 分析与解答

① 防雷接地工程是引大气过电压泄放入地原理而设置的，所以其施工工艺规律是首先做好将雷电流泄向大地的接地装置，再将引下线连通，最后安装接闪器（避雷针或避雷小针）。这一顺序带有纪律性的规定，如违反，可能导致在建工程遭受雷击，而施工配合中防雷接地是符合工艺规律的。

② 给水排水工程通常要按泵房和管网两个工作面相向而行，最终连通，泵房先安装泵罐等设备，然后配其间的连通管，最终引出出水管（排水如无排污泵房则各排污干管直引至窨井集污池等构筑物）；管网应先干管、后支管，待卫生洁具安装固定后，再做给水和污水的支管与其连通，俗称镶接。

③ 通风与空调工程基本安排与给水排水工程有雷同之处，也是机房和风管管网两大部分，但不像给水排水工程一样，管网每个自然间都有分布，而较集中于建筑物走廊等处的顶部，先安装大风管，再装分支风管，最后与建筑表面的风口连接，由于空调工程有冷热源及水循环系统，结构复杂、技术难度较大，是施工中关注的要点，当然具体安排要视工程规模和采用的工艺或机组而定。

2. 专项施工方案的编制

(1) 案例一

1) 背景

N 公司承建一幢 24 层高的商务大楼机电安装工程，该工程的 2 台重 10t 的整装燃油锅炉安装在屋顶的锅炉房内，为此项目经理要求项目部技术部门提出锅炉吊装的施工方案，经多方案比较后作出决策，技术部门共提出直升机吊运、大型吊车逼近吊装、屋顶设置门式桅杆吊装三种方案，最终采用第三方案即门式桅杆吊装，并进行吊装的风险评估。

2) 问题

① 施工方案的比较采取哪几个方面进行比较？

② 试分析屋顶门式桅杆吊装方案能胜出的原因？

③ 简述防范风险的管理步骤？

3) 分析与解答

① 施工方案比较通常用技术和经济两个方面进行分析，方法为定性和定量两种，定量分析要大量的数据积累，这些数据是随着时间和技术进步而波动的。定性分析要有较多的经验积累，这些经验不仅有个人的，更主要是团队的项目管理班子集体的。

具体比较要从三个方面入手：即技术先进性比较，包括创新程度、技术效率、安全可靠程度等；经济合理性比较，包括投资额度、对环境影响程度、对工程进度的影响、性价比等；重要性比较，包括推广应用价值、资源节约、降低污染等社会效益。

② 采用直升机吊运在技术上是可行的，但实施环节多，如航线申请、气象制约、降落时对楼顶的冲击，费用昂贵，有许多不确定因素而导致该方案不被采用。利用大型吊车逼近吊装在技术上也是可行的，在建设期间周边地块上建筑物可以安排暂缓开工，待锅炉吊装完成后，再将吊车站位所占地块上的工程开工。但是建筑设备的使用年限要比建筑物使用年限短，也就是说在这大楼使用全过程中锅炉要进行更新，通常为一至二次，更新时要将旧的吊下，新的吊上，这时再用大型吊车逼近吊装，站位占地多，势必造成较大损失，从经济和管理上看都不是最佳的选择。而门式桅杆吊装法只要在屋顶添设桅杆的铰接点和卷扬机及桅杆后背稳定绳的锚点，桅杆也能重复使用，造价低廉，这个方法既可经济合理施工，又方便业主日后更新改造，施工方案得到业主、监理的赞许，安监部门审查后得到顺利实施。

③ 通常危险性较大的施工方案在实施前，要进行专家论证，论证的内容要包括风险评估，现介绍风险管理的基本步骤：

A. 建立组织

B. 设定目标

C. 风险识别

D. 风险评估

E. 风险应对

F. 信息监控

(2) 案例二

1) 背景

某公司承建一幢高层建筑的机电安装工程，其电力供应的干线为电力电缆，从大楼的电力平面图上可知，电力电缆从地下一层的变配电室经电缆沟通至多个电缆竖井，再经电缆竖井至各层的分配电箱，电缆数量大，规格多，路径曲折，部分电缆出竖井后经导管或桥架到用电点，为此项目部制定编写了两个电缆敷设专项方案供选择比较。一是电缆从变配室向供电点敷设，另一方案是利用施工电梯将电缆运至各层用电点向变配电室敷设。前者电缆架设工具不需移动，集中在变配电室内，后者则需移至各个楼层使用，显然后者使用的人力较少，因为电缆自竖井内由上向下施放，只要曳引控制速度即可。而第一方案电缆在竖井内向上要用机械或人工牵引,因而评价后认为第二方案较好,宜采用。

2) 问题

① 电缆敷设前要测绘每根电缆需用的长度,其原因是什么?

② 利用施工电梯运送电缆要注什么问题?

③ 电缆敷设后,在竖井内每档支架上均需用卡子固定,应注意哪些事项?

3) 分析与解答

① 在房屋建筑安装工程中,除特殊情况外,很少采用定长度订货供应电缆,因而采用同规格型号组盘供应,确保总量,且在电缆盘或其他包装物上除标明规格型号外,还标明该盘电缆的长度,敷设前的测绘可合理搭配该盘电缆敷设在什么部位,尽可能物尽其用,减少电缆中间接头和零星的余段,以提高效率和效益。

② 利用建筑施工电梯运送电缆至每层敷设点,先要核实电缆的每盘重量是否在电梯允许载重的规定值以下,如超重则用备用空盘分盘,分盘的长度要对照电缆测绘值,使之不发生浪费现象,其次是测量电缆盘外形尺寸是否能为电梯轿厢所容入,若尺寸太大,同样要用备用的较小尺寸的电缆盘分盘,并注意分盘长度的合理性,最后电缆盘要垂直放置,不要平放,以利滚动运输,于是在放入电梯轿厢后要设置防止因轿厢运行中的晃动而使电缆盘滚动的措施。

③ 按规范规定垂直敷设的电缆要在每档支架上固定,电力电缆用卡子固定,具体操作是先对电缆进行整理,外观不应有明显的弯曲,然后自上而下逐档固定,卡子的内径要与电缆外径适配,不致损伤电缆外护绝缘层,固定力松紧适度,以电缆不产生滑动为准,同时要注意单芯交流电缆固定用的卡子不能形成铁磁闭合回路,其卡子应用非导磁材料制成,如硬木、塑料、铝板等。

九、施工图识读

本章在工程图绘制知识掌握后,对如何提高阅读能力、正确理解图纸、提高读图方法和技巧作出介绍,通过学习以利增强专业技能。

(一)技能简介

本节以给水排水工程图、建筑电气工程图、通风与空调工程图为主介绍读图步骤,同时对三视图与轴测图的转换做出说明,简要探讨建筑施工图与安装施工图的关系。

1. 技能分析

(1) 给水排水工程图的识读步骤(含通风与空调工程图)

1)与用三视图阅读施工图的方法是基本一样的,所以仅对管道和通风与空调工程特有的图例符号和轴测图等作出提示。

2)图例符号的阅读

① 阅图前要熟悉图例符号表达的内涵,要注意对照施工图的设备材料表,判断图例的图形是否符合预期的设想。

② 阅图中要注意施工图上标注的图例符号,是否图形相同而含义不一致,要以施工图标示为准,以防阅读失误。

3)轴测图的阅读

① 房屋建筑安装中的管道工程除机房等用三视图表达外,大部分的给水排水工程用轴测图表示,尺寸明确,阅读时要注意各种标高的标注,有些相同的布置被省略了,而直管段的长度可以用比例尺测量,也可以按标准图集或施工规范要求测算,排水是重力流,阅图时要注意水平管路的坡度值和坡向。通常只要有轴测图和相应的标准图集就能满足施工需要。

② 空调系统的立体轴测图,从图上可知矩形风管的规格、安装标高、部件(散流器、新风口)和设备(迭式金属空气调节器)的规格或型号,风管的长度可用比例测量确定。但有的图缺少风管和设备与建筑物或生产装置间的布置关系,也没有固定风管用的支架或吊架的位置,所以还需要其他图纸的补充才能满足风管制作和安装施工的需要。

4)识读施工图纸的基本方法

① 先阅读标题栏,可从整体上了解名称、比例等,使之有一个概括的认识。

② 其次阅读材料表,使对工程规模有一个量的认识,判断是否有新材料使用,为采取新工艺作准备。

③ 从供水源头向末端用水点循序前进读取信息,注意分支开叉位置和接口,而污水

管网则反向读图直至集水坑，这样可对整个系统有明晰的认知。当然施工图纸提供系统图的要先读系统图。可以了解管网的各种编号。

④ 要核对不同图纸上反映的同一条管子、同一个阀门、同一个部件的规格型号是否一致，同一个接口位置是否相同。

⑤ 要注意与建筑物间的位置尺寸，判断是否正确，作业是否可行。

⑥ 有绝热护层的要注意管路中心线间距是否足够。

⑦ 最终形成对整个管网的立体概念。

⑧ 与构筑物有连接的位置需复核在建筑施工图上埋件位置和规格尺寸。

(2) 建筑电气工程图的识读步骤

1) 识读步骤

阅读施工说明→阅读系统图→阅读平面图→阅读带电气装置的三视图→阅读电路图→阅读接线图→判断施工图的完整性。

2) 注意事项

① 虽然有标准规定了图例，但有可能根据本工程特殊需要，另行在施工图上新增图例，阅图时要注意，以免造成误解。

② 电气工程许多管线和器件依附在建筑物上，而设备装置是组立或安装在土建工程提供的基础上或预留的孔洞里，很有必要在阅读电气工程施工图的同时，阅读相关的建筑施工图和结构施工图。

③ 无论是系统图、电路图或者是平面图，阅读的顺序从电源开始到用电终点为止。依电能的供给方向和受电次序为准。

④ 要注意配合土建工程施工的部分，不使遗漏预留预埋工作，不发生土建工程施工后电气设备装置无法安装的现象。

⑤ 注意各类图上描述同一内容或同一对象的一致性，尤其是型号、规格和数量的一致性。

⑥ 注意改建扩建工程对施工安全和工程受电时的特殊规定。

(3) 通风与空调工程图识读的补充

1) 通风与空调工程图识读的方法和步骤基本上与给水排水工程图的识读相同，由于通风空调工程与建筑物间的相对位置关系更加密切，建筑物实体尺寸影响着风管的实际形位尺寸，体现在风管制作前的对风管走向和安装位置的测绘，以利草图的绘制，因而应在阅读通风与空调工程图的同时，阅读相关的建筑结构图。

2) 如果建筑物有部分混凝土风管，要对金属风管与混凝土风管的连接处注意其连接方法和接口的结构形式，尽力做到降低漏风的可能性。

3) 许多风口安装在建筑物表面，有装饰效果，且形状多种，阅图或安装要注意与建筑物的和谐协调，也就是说，这部分风口的安装位置和选型要在阅读工程图时先作打算，在施工前要与土建、装饰等施工单位共同做好建筑物表面的平面布置草图。

2. 图的转换

(1) 三视图转换成轴测图

1) 在给水排水工程和通风与空调工程的施工图中大量采用轴测图表示，原因是立体感强，便于作业人员阅读理解，因而把三视图转换成轴测图便成为一种基本技能。

2）转换的步骤如下。

① 选定轴测图的类别（正等、斜等）。

② 确定 X_1、Y_1、Z_1 三个方向的轴测轴。

③ 在三视图上测量每段管线的长度。

④ 不计伸缩系数，（为方便计量）先将平行于投影轴 X、Y、Z 的直线管段移至轴测图，注意管间的连接关系。

⑤ 平行于三视图投影面的斜线要先明确斜线两端的坐标位置。

⑥ 如有曲线则应细分为各小段，视作直线逐段移至轴测图上。

⑦ 需要说明的是通常转换的是较简明管网并不复杂的三视图。

(2) 工艺流程图与三视图的关系

因为工艺流程图仅表明机械设备、容器、管道、电气、仪表等的相互关系和物料的流向，所以在三视图中其相互的关系，尤其是管路接口位置必须符合工艺流程图示意位置，不能违反。否则无法完成工艺要求。

（二）案 例 分 析

本节以案例形式说明阅读施工图纸的方法和能力，通过分析与解答加深对图纸的理解和判定。

1. 给水、排水工程图

(1) 案例一

1）背景

如图 9-1 所示是污水管网的轴测图，请分析该图提供了哪些信息？

2）问题

① 从图分析，这个排水系统属于什么制式？

② 哪根立管属于淋浴间汇水管，哪根立管属于盥洗台立管？

③ 所有标高相对零点（±0.00）在哪里，要否参阅大样图？

3）分析与解答

① 从编号 PL-4 立管底部可知生活废水经埋于标高－0.500，坡度为 2% 的横管向墙外排入雨水沟，再向外排放，可见这是雨污水混流制排放。

② PL-3 立管上每分支管上有两个带水封的地漏，PL-4 立管分支上有存水弯，因此可知 PL-3 立管为淋浴间汇水管，PL-4 立管为盥洗台汇水立管。

③ 相对标高±0.00 应是该建筑物的首层地面，要参阅大样图或详图，图的编号是 $\dfrac{P}{2}$。

(2) 案例二

1）背景

如图 9-2 所示为自动喷水灭火系统的湿式报警阀组。

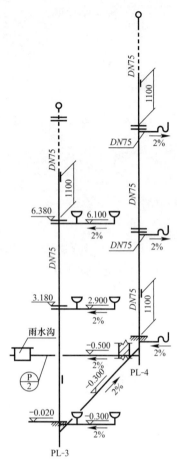

2）问题

① 为什么报警阀的上腔、下腔的接口不能接错？
② 湿式报警阀组采取了哪些措施防止误报？
③ 试述水力警铃的基本工作原理？

3）分析与解答

① 报警阀的上腔接带有洒水喷头的消防管网，下腔接消防水源（泵、高位水箱等供水管路），平时上腔压力略大于下腔压力，阀座上的多个小孔被阀瓣盖住而密封，当洒水喷头洒水灭火时管网压力下降，报警阀的下腔压力大于上腔压力，且压差大于一定数值，阀瓣迅速打开，消防水源向消防管网供水灭火，同时向水力警铃供水报警，基于此，报警阀的上下腔接口不能接错，否则失却功能。

② 为了防止因水压波动发生误动误报警，主要采取了两个措施，一是报警阀内没有平衡管路，平衡因瞬时波动而产生的上下腔差压过大而误报，二是在报警阀至警铃的管路上设置延时器，如发生瞬时水压波动而产生报警阀输送少许水量至警铃，延时器可吸收这少量的水而不致警铃发生误动作。

③ 水力警铃是一种水力驱动的机械装置，当消防用水的流量等于或大于一个喷头的流量时，压力水流沿报警支管进入水力警铃驱动叶轮，带动铃锤敲击铃盖，发出报警声响。

图 9-1 盥洗台、淋浴间污水管网

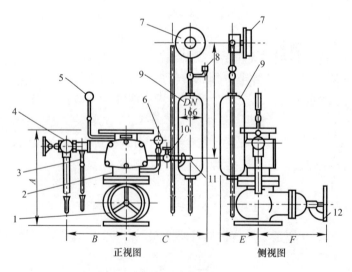

图 9-2 湿式报警阀结构示意图

1—控制阀；2—报警阀；3—试警铃阀；4—放水阀；5、6—压力表；7—水力警铃；
8—压力开关；9—延时器；10—警铃管阀门；11—滤网；12—软锁

2. 建筑电气工程图

(1) 案例一

1) 背景

如图 9-3 所示是施工现场常用的三相交流电动卷扬机需正反转的电动机的控制电路。

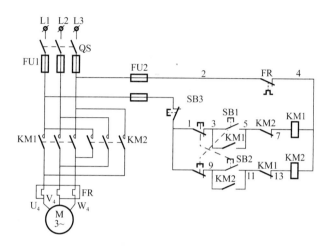

图 9-3 按钮互锁双向旋转控制电路

2) 问题

① 电动机能正反转的原理是什么？

② 热继电器的符号是什么？其工作的原理是什么？

③ 从控制电路分析，图上有哪些安全保护措施？

3) 分析与解答

① 从电工学基础可知，三相交流电动机接入三相交流电源后，在电机的转子与定子间的气隙中产生一个旋转磁场，带动转子与旋转磁场同方向旋转，而旋转磁场的旋转方向与接入电源的相序有关，如图中的电源接入为 L1→U_4、L2→V_4、L3→W_4，则旋转磁场为顺时针方向旋转，电动机转子称为正向旋转，只要电源接入方式两相互换一下，如 L1→W_4、L2→V_4、L3→U_4，旋转磁场便逆时针旋转而使电动机转子逆时针旋转，这是三相交流电动机可正反转的基本原理。但必须注意只调换两相，如三相顺序调换 L1→W_4、L2→U_4、L3→V_4 是不会反向旋转的。

② 热继电器的符号为 FR，发热元件接在电动机引入电源的主回路中，其动作后要开断的接点接在控制回路 2-4 之间。热继电器是电动机的过电流（过负荷）的保护装置，基本原理是电动机工作在过电流状态，热继电器的发热元件会使近旁的双金属片因线膨胀系数不同而弯曲，达到电流的过负荷镇定值，则弯曲的程度足以拨动接点由闭合而断开，使控制电路断电，接触器 KM 衔铁线圈失电而断开电动机主回路，电动机停止运转。

③ 为了防止接触器 KM1、KM2 同时吸合发生严重的短路现象，在电气线路上采取联锁连结在 5-7 间接入 KM2 的常闭辅助接点、在 11-13 间接入 KM1 的常闭辅助接点，这样保证了 KM1 吸合时其辅助接点打开 KM2 的吸合电源，同理 KM2 吸合其辅助接点

打开 KM1 的吸合电源，有效地防止同时吸合，另外按钮 SB1、SB2 也起到防止同时吸合的作用，按动 SB1 接通 KM1 吸合线圈的同时打开了 KM2 吸合线圈，SB2 也有同样的功能，这是机械联锁的结果。此外，还有热继电器的过负荷保护和熔断器 FU1、FU2 的线路短路保护，有的制造商将 KM1、KM2 可动衔铁用杠杆连在一起，从机械上防止同时吸合。

(2) 案例二

1) 背景

为了防止突然停电引发事故造成损失，经常要准备备用电源，如图 9-4 所示为双电源自动切换控制电路，也是重要施工现场常用的电路，请分析工作原理和安全注意事项。

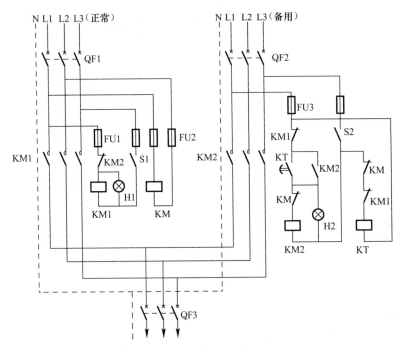

图 9-4 双电源自动切换控制电路

2) 问题

① 施工现场双电源自动切换使用要注意哪些安全事项？

② 试述自动切换的工作顺序？

③ 为什么备用电源要延时投入？

3) 分析与解答

① 正常供电电源的容量要满足施工现场所有用电的需要，通常备用电源的容量比正常电源的容量要小，当正常电源失电时，以确保施工现场重要负荷用电的需要，这是为了经济合理、节约费用开支的考虑和安排。为用电安全，正常电源和备用电源不能并联运行，电压值保持在相同的水平，尤其是两者接入馈电线路时应严格保持相序一致。

② 正常供电电源，通过隔离开关 QF1、接触器 KM1 和隔离开关 QF3 等的主触头向施工现场配电线路供电。正常供电时，合上 QF1 和控制开关，接触器 KM1 线圈通电，主

触头闭合，合上 QF3 向施工现场供电。合上 QF1 时，中间继电器 KM 线圈吸合，与 KM1 的常闭辅助触头一起打开 KM2 的吸合线圈的电路，同时 KM 的另一常闭触头与 KM1 另一辅助常闭触头串联后打开时间继电器 KT 的吸合线圈，正常电源供电时，合上 QF2，KM2 在控制开关 S2 合上时，其吸合线圈无法通电，所以备用电源处于热备用状态，所谓热备用指的是接触器主触头电源侧带电。如正常供电电源因故障失电，KM1、KM 吸合线圈释放，使备用电源控制电路中 KM、KM1 的常闭触头闭合，接通时间继电器 KT 的线圈，时间继电器启动，经设定时间 KT 的触头在备用电源控制电路中闭合，KM2 线圈受电吸合，备用电源投入运行供电，同时 KM2 的辅助触头在正常电源控制电路中打开了 KM1 的吸合线圈电路，确保了不发生两个电源并联运行的现象。

③ 正常电源发生故障的原因有多种，有些故障需检修后才能恢复供电，有些故障是供电线路能自行排除的。如架空线路上的细金属丝短路，瞬时烧毁即可排除，有时大气过电压使电压继电器动作而失电，但未发生装置击穿现象等。所以正常电源可以很快自行恢复供电，备用电源的延时投入可以使正常电源自行恢复供电留有足够时间，这体现了对电源使用的选择性。

3. 通风与空调工程

（1）案例一

1）背景

A 公司承建的某大型航站楼机电安装工程中地下一层货运贮存仓库的通风工程，在安装就位结束后，需做试运转和风管系统综合效果测定工作，为此施工员做了技术准备和人员组织准备，并绘制测定用的系统测定草图，标明检测部位和测点位置，由于准备充分，整个测定工作按计划顺利完成。

2）问题

① 为什么通风系统风机测定十分必要，其测定的主要指标有哪些？

② 绘制系统测定用草图要注意的事项有哪些？

③ 风管系统风量调整的方法有几种，基本操作要求怎样？

3）分析与解答

① 通风机是空调系统用来输送空气的动力设备，其性能是否符合设计预期要求，将直接影响空调系统的使用效果和运行中的经济性，所以在空调系统试运转过程，设备运转稳定后，要首先测定通风机的性能，性能的主要指标包括风压、风量、转速三个方面。

② 绘制通风系统测定用草图要注意以下事项：

A. 风机压出端的测定面要选在通风机出口而气流比较稳定的直管段上；风机吸入端的测定尽可能靠近入口处。

B. 测量矩形断面的测点划分面积不大于 $0.05m^2$，控制边长在 200mm～250mm 间，最佳为小于 220mm。

C. 测量圆形断面的测点据管径大小将断面划分成若干个面积相同的同心环，每个圆环设四个测点，这四个点处于互相垂直的直径上。

D. 气流稳定的断面选择在产生局部阻力的弯头三通等部件引起涡流的部位后顺气流

方向圆形风管 4~5 倍直径或矩形风管大边长度尺寸处。

③ 风口风量调整的方法有基准风口法、流量等比分配法、逐段分支调整法等。

基本操作要求是先对全部风口的风量初测一遍，计算每个风口初测值，与设计值比较，找出比值最小的风口，作为基准风口，由此风口开始进行调整，调整借助风管上的三通调节阀进行，这是基准风口调整法的调整步骤。

而流量等比分配法调整，一般从系统最远管段即最不利的风口开始逐步向风机调整各风口的风量，操作时先将风机出口总干管的总风量调整至设计值，再将各支干管支管的风量按各自的设计值进行等比分配调整。

逐段分支调整法只适用于较小的空调系统。

（2）案例二

1) 背景

某公司承建的一工业厂房大型多台鼓风机组成的通风机房，风管布置复杂，相互重叠交叉多，施工前需对照图纸要求进行风管制作前的测绘工作，并绘制加工草图，以利风管预制和日后的有序安装。由于施工员认真对待测绘工作，草图绘制明确，取得良好效果。

2) 问题

① 试述草图测量和绘制的必要性？

② 进行测绘时应检查的必备条件有哪些？

③ 测绘工作的基本内容有哪些？

3) 分析与解答

① 由于通风管道和配件、部件大部分无成品供应，要因地制宜按实际情况在施工现场用原材料或半成品组对而成。另外由于风管、配件、部件的安装如机械装配一样，刚度大，风管要与风机、过滤器、加热器等连接必须精准，不可强行组装。此外绘制加工安装草图可以将通风与空调工程的制作和安装两个工作过程合理地组织起来。

② 可以开展测绘的必备条件有：风机等相关设备已安装固定就位，风管上连接部件如调节阀、过滤器、加热器等已到货或其形位尺寸已明确不再作更动，与通风工程有关的建筑物、构筑物已完成，结构尺寸不再作变动，风管的穿越建筑物墙体或楼板的预留洞尺寸、结构、位置符合工程设计，施工设计已齐全，且设计变更不再发生。

③ 基本内容有：

A. 核量轴线尺寸，风管与柱子的间距及柱子的断面尺寸，间隔墙及外墙的厚度尺寸。

B. 核量门窗的宽度和高度，梁底、吊顶底与地坪或楼板距离，建筑物的层高及楼板的厚度等。

C. 核量预留洞孔的尺寸，相对位置和标高，多（高）层建筑预留垂直孔洞的同心度。

D. 核量设备基础、支吊架预埋件的尺寸、位置和标高。

E. 核定风管与通风空调设备的相对位置、连接的方向、角度及标高。

F. 核定风管与设备、部件自身的几何尺寸及位置，包括离墙、柱、梁的距离及标高。

实测后，如风管系统的制作安装有部分不能按原设计或图纸会审纪要要求进行时，施工单位应及时与有关单位联系并提出处理意见。

4. 其他工程

（1）案例一

1）背景

如图 9-5 所示为一幢多层建筑的室内消火栓给水系统。

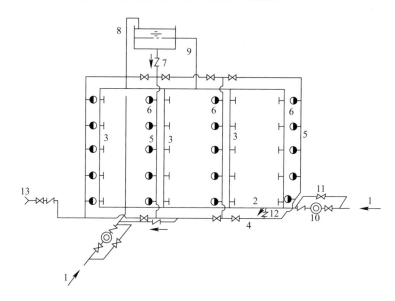

图 9-5　一幢多层建筑的室内消火栓给水系统

2）问题

① 这个系统基本结构的特点是什么？

② 消防用水源有几个？

③ 三个单向阀的作用是什么？

3）分析与解答

① 这是一个生活、生产和消防共用水源的环网供水的消火栓灭火系统，当屋顶高位水箱的水位低于一定水位时，水箱不再向生产、生活管网供水，仅可向消火栓管网供水。

② 消防用水水源有 4 个，分别是两个室外市政管网给水水源（装有计量水表），一个屋顶高位水箱，可贮 10 分钟用的消防用水量，一个水泵接合器，可以接受消防车向消防管网输水。

③ 水泵接合器处单向阀防止消防管网中水向外流淌，水箱底向消防管网的单向阀保证水箱只能向消防管网供水，使水泵接合器供水时不流向高位水箱。消防管网与生活、生产管网的连通管上的单向阀防止生活生产管网水压过低，消防管网向生活生产管网反送水流，总之这几个单向阀的作用是消防用水优先于生活生产用水的供给。

（2）案例二

1）背景

如图 9-6 所示，是某公司施工的某厂建筑智能化工程中安全防范系统的巡更（巡查）子系统的巡查线路图，自管理处出发，定时沿线巡查后返回管理处，图上标明了 15 个巡查点，每点装有数字巡查机或 IC 卡读卡器，以确保巡查信息的实时性。

2) 问题

① 电子巡查系统的线路怎样确定，其功能主要是什么？

② 电子巡查系统有几种形式？

③ 电子巡查系统巡查点的设置位置有哪些？

3) 分析与解答

① 电子巡查线路的确定要依据建筑物的使用功能、安全防范管理要求和用户的需要。其功能是按照预先编制的保安人员巡查程序，通过信息识别或其他方式对保安人员的巡防工作状态进行监督，以鉴别其是否准时、尽责、遵守程序等，并能够发现意外情况及时报警。

② 常见的巡查形式有在线巡查系统、离线巡查系统和复合巡查系统三种。

③ 巡查点设置通常在建筑物出入口、楼梯和电梯前室、停车库（场）、主通道以及业主认为重要的防范部位，巡查点安装的信息识别器要较隐蔽，不易被破坏。

(3) 案例三

1) 背景

如图 9-7 所示，为空调冷冻水管道直径大于 $DN50mm$ 的绝热结构图。

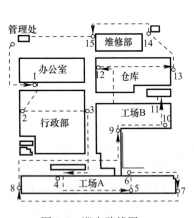

图 9-6 巡查路线图

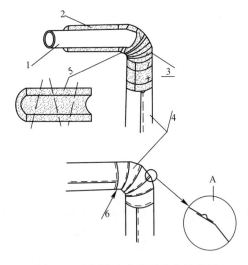

图 9-7 空调冷冻水管道绝热结构图

2) 问题

① 图中的 1～6 分别表示什么？

② 分析详图 A 表示的意思和原因？

③ 如为保冷管道还应注意什么问题？

3) 分析与解答

① 图中所示，1 为冷冻水管路的管子，2 为绝热层，3 为绑扎绝热材料的镀锌铁丝，4 为绝热材料外的金属薄板保护层，5 为弯头处绝热材料切割示意图，6 为金属薄板保护层第一节制作展开的指示。

② 详图 A 表明弯头处金属薄板保护层的搭接示意图，要求自水平管道转向垂直管道时，水平的搭在垂直的上面，垂直管道的上一节金属薄板外层搭在下一节金属薄板外层的外面。目的是防止凝结水或其他溅水、淋水等流入绝热层而结冰导致破坏绝热效果，这一点对室外的绝热管道尤其重要。

③ 对保冷管道还应注意冷桥的处理，即管子全程不要有与金属支架、穿墙金属套管、垂直管道承重金属托架间有直接接触现象，以免影响绝热效果。

十、技术交底的实施

本章以怎样进行技术交底为主线，说明其意义和方法，并通过案例讲解其实施的步骤和要领，希望通过学习和思考以提高现场专业岗位人员的管理能力。

（一）技能简介

本节以技术交底的内容和实施程序进行说明，并对技术交底文件的编制作出介绍，希望在学习中能理解技术交底的路径。

1. 技能分析

（1）技术交底的必要性

1）交底是组织者与执行者间的一种行为，是组织者在活动开始前向执行者布置工作或任务的一个关键环节，目的是把工作或任务的内容、目标、手段，涉及的资源、环境条件，可能发生的风险等由组织者向执行者解释清楚，执行者在正确理解的基础上使活动结果达到组织者的预期。

2）施工技术交底是施工活动开始前的一项有针对性的、关于施工技术方面的，技术管理人员向作业人或上级技术管理人员向下级技术管理人员做的符合法规规定、符合技术管理制度要求的重要工作，以保证施工活动按计划有序地顺利展开。

3）施工技术交底包括设计交底、施工组织设计交底、施工方案交底、设计变更交底、安全技术交底等类别。

（2）技术交底的主要内容

施工技术交底的内容主要包括技术和安全两个主要方面。

1）技术方面有：施工工艺和方法、技术手段、质量要求、特殊仪器仪表使用等。

2）安全方面有：安全风险特点、安全防范措施、发生事故的应急预案等。

（3）技术交底的实施

1）明确技术交底的责任。责任人员包括项目技术负责人、施工员、作业队长、作业班组长等。如有普工参加施工，则专业作业班组的组员有义务对普工所做的工作进行技术交底。

2）技术交底的准备。技术交底前各层次交底人员要有针对性地确定交底内容，并备有书面文件。

3）技术交底记录。依企业规章制度规定设计技术交底记录表格，交底人与被交底人均应在表格上签字确认。

4）技术交底文件归档。

5）作业中发生外部指令引起的变更与预期有较大变化者要及时向作业人员交底。

2. 作业指导书

（1）作用

1）作业指导书是施工作业中一个工序或数个连续相关的工序为对象编写的技术文件，有些与机械制造业的工艺卡相似，是施工方案中技术部分的细化结果。

2）现时施工企业均在编写工艺标准，其基于已成熟的施工工艺，但新的施工工艺出现要先经作业指导书编制阶段，经实践多次以后再上升为标准。当然作业指导书也可在原工艺标准基础上按实际情况修正后编制而成，用于指导作业实践。

3）可以用作技术交底文件的一部分。

（2）编制

1）内容

有明确的编制对象名称、细致的作业操作步骤、合理的工具及机械配备、必要的不同工种组合、量化的质量标准、科学的测量方法、符合精度要求的仪器仪表和测量工具、指明准确的测量部位、符合规范的记录表式、可以工序交接的条件等。

2）表达形式

用文字、图、表、试验样板的照片，有条件的可制作视频做补充，力图清楚明白、有可操作性。

3. 技术交底与环境

当前提倡节能环保和绿色施工，所以技术交底时要注意环保要求，保护好作业环境，妥善处理作业中产生的固体废弃物，防止废气、噪声、强光的污染。

4. "四新"应用和样板

"四新"指的是施工中的新材料、新工艺、新技术、新机械的应用，其有两种情况。一是从别人那里引入的而本单位首次应用，另一种是本单位自行创造首次应用的。不论何种情况，均应先试验后推广，以样板示范做技术交底的手段。

（二）案例分析

本节以案例形式说明在施工作业前技术交底的必要性以及怎样实施，通过学习可以加深理解，以利在工作中执行。

1. 给水排水工程

（1）案例一

1）背景

某公司承建的大型体育场环形地沟内冷却水循环管网，管径外径达630mm，管道除与设备用法兰连接外，管与管、管与配件的连接均为沟槽式连接，应属于柔性连接。由于该公司大口径柔性连接钢管的技术尚属初次应用，尤其对其试压会产生的弹性变形和复位情况所知不多，为此项目部编制了作业指导书，按作业指导书要求做了模拟试验，对试压用档墩和稳定支架的布置位置作出了修正，并设置了集水坑、配备潜水泵，如试压发生漏水可及时排放，以免地沟内作业人员受到水淹伤害。试压作业前，项目部技术负责人组织了各层次的技术交底，要求施工员、作业队组长各司其职，实行监护，确保作业人员正确操作，增强安全防范意识。由于整个过程组织合理、方法可靠、对风险有预防，所以试压工作顺利完成，并未发生事故。

2) 问题

① 从案例可知，该公司技术交底考虑了哪几个方面的内容？

② 管道试压作业指导书，编制后做模拟试验，体现了技术管理中的什么理念？

③ 案例中项目部考虑了哪些方面的技术风险？

3) 分析与解答

① 该公司编制的技术交底用文件之一是作业指导书，依据大口径管道柔性连接的特点，在施工工艺方面对档墩和管道稳定支架的设置作了有效的部署，同时对地沟内试压作业的安全风险防范设置了应急排水的设施，这体现了技术交底工作的两个主要方面，即技术性内容和安全防范性内容。

② 管道作业指导书稿形成后进行了模拟试验，将试验结果与预期相比，修正作业指导书的缺陷和补充其不足之处，这体现了样板领先的理念，也说明了新技术的推广应用要经过实践的验证，是作业指导书编制形成中的一个重要环节。

③ 案例中说明了管道试压因内力作用而引起管道移位的风险，同时也对工作环境特殊、在地沟内对用水量大的管道试压如发生漏水而产生危害的风险做出了有效的防范。

(2) 案例二

1) 背景

A公司承建的某住宅小区机电安装工程，住宅楼的生活给水管道最终要经消毒合格后才能交付使用，其基本方法是以溶解氯的高浓度消毒水注入管网中，浸泡至规定时间，经取样检验化验菌落数符合标准规定而判定合格，则消毒工作完成，管网排放消毒水，经冲洗中和后交付用户使用。按这样的消毒流程，项目部技术负责人编制了技术交底文件进行交底，并顺利实施按期完工。

2) 问题

① 从案例背景中看，技术交底时要关注哪几种指标？

② 使用液氯钢瓶氯气制备消毒水要有哪些安全防范措施？

③ 背景材料是否提供需进行环境保护的信息？

3) 分析与解答

① 从背景可知要交底的指标有消毒水中氯的浓度、浸泡的时间、化验时菌落数总量、管网中和清洗等指标，但背景只提供了操作应注意的指标的定性部分，而实际工作中更应明确定量的指标，这是值得在交底过程或收集有关标准时加以注意的。

② 氯气是有毒气体，如吸入人体会导致呼吸道由于盐酸雾滴形成而引起的窒息，轻则引起人身伤害，重则导致死亡，所以操作过程中要防止氯气外泄伤人，同时要给作业人

员配备口罩甚至防毒面具，作业部位要通风良好，以防万一。

③ 虽然背景材料未提及要注意环境保护，但隐含着施工作业中两大必须注意的环保事项，一是消毒水的合理排放和有效处理，另一个是管网冲洗及中和的效果，这两者涉及环境安全和给水安全。

2. 建筑电气工程

（1）案例一

1）背景

N公司在江苏南部承接了一亮灯工程，工程为大型文体中心建筑立面由计算机控制的可变换的LED彩灯构图工程。灯饰安装在建筑外墙与玻璃幕墙之间，面积大至几万平方米，安装灯饰的铝合金框架与玻璃幕墙间仅有350mm的空间距离，灯饰施工时建筑物外墙脚手架已全部拆除，项目部经多方案比较后，决定自行设计悬吊机械，用吊篮法施工。由于LED彩灯触发器接线要求精确，否则构图会失误，影响效果，项目部做了深化设计的接线图，工程在文艺颁奖日开通，效果为观众及业主方认可。

2）问题

① N公司项目部在作业交底时要以哪些内容为主？

② 自行按施工图深化设计后还要履行什么手续？

③ 在室外安装的灯具要注意哪些特殊环节，为交底时应作反复交代的问题？

3）分析与解答

① 从背景可知，灯饰面积大、高度高、作业位置狭小，操作时要小心不使工具因动作幅度大而误伤玻璃幕墙。用吊篮法作业要注意吊机和吊篮本体的承载能力，同时在吊篮上方有专人监护，并用绳索传递工具和材料。吊篮作业下方要有明显警戒标志，防止非作业人员靠近，以免物体下落伤人。作业人员除带有必备工具外，佩带专用材料袋，每袋材料为一个工位所需，并将电线头或绝缘剥除等废料纳袋回收，以保护环境。作业人员与监护人员间有一对一的通信联络工具。每个工位作业完成，吊机和吊篮均要移位至下一个工位，要检查其固定状况是否可靠，验收后方可开始工作。以上几点是在作业前技术交底的主要内容。

② 按有关法规的规定，深化设计后的施工图应由原设计单位审查确认后，才能作为施工的依据。

③ 在室外安装灯具，要选好灯具，灯具应是有防水浸入防护的灯具，即其型号规格的防护等级符合设计要求，同时要注意灯具接线口的位置不要设在向上的部位，接线后进行封堵（用胶泥等密封材料）以防雨水入侵，引入线的柔性部分弯成向上的滴水弧状，总之室外灯具安装要考虑防雨淋侵害的措施。

（2）案例二

1）背景

A公司承建的32层办公大楼，其电缆竖井内电缆敷设依据施工现场实际条件经多方案比较，确定自用电点向底层配电室敷设，项目部制定了该方案实施的技术交底文件，向作业队组作技术方面和安全方面两个部分的交底。

2) 问题

① 交底时技术方面包括哪些内容?

② 交底时安全方面包括哪些内容?

③ 简述施工方案与技术交底文件的关系。

3) 分析与解答

① 技术方面包括每根电缆的走向、规格,按测绘长度的同规格拼盘方式和部位。不同大小的电缆允许弯曲半径、每根电缆起点和终端的具体位置(即盘箱柜的具体位置和编号)、电缆端部绑扎牵引方法,切断电缆防潮保护措施,人力施放时人的站位,通信联络方法和统一的口令,以及盘柜内预留接线用的长度值等。

② 除常规安全防护外,安全方面还包括:电缆竖井内作业要防止高空坠物,在电缆竖井未作防火隔堵前敷设电缆,要在竖井每个门口设警戒标志,提醒安全作业不要跌入井道内,电缆盘的架设要稳固,核对每盘重量是否能被施工升降梯所允许承载,电缆盘滚动搬运要平稳匀速前进,防止辗压伤人等。

③ 施工方案是编制技术交底文件的依据,但施工方案编制时间早于技术交底文件,方案犹如计划是预期的安排,而技术交底文件是在临近作业前编制的,与方案相比具有实时性,对变化后的条件要作出反应。所以编制的技术交底文件可以对施工方案中的技术和安全等要求作出修正,使其更符合实际,更具有可操作性。

3. 通风与空调工程

(1) 案例一

1) 背景

A 公司承建的大型地下车库的通风工程,风管系统由成品玻璃钢风管组成,每节风管及部件均由供应商供给,安装用的圆钢吊架及角钢横架由现场加工后热镀锌防腐。当土建施工单位拆除地下室模板及支撑后基本清理干净,毛地坪的修正清理也处于尾声。按总承包方进度计划安排,地下室整个工作面交 A 公司先安装风管系统。为此 A 公司项目部组织风管及支吊架等安装用料陆续进场,并事先编制技术交底文件,向各作业队组交底,然后全面展开作业。

2) 问题

(1) 无机玻璃钢风管应怎样进行进场验收?

(2) 制作吊杆时应怎样鉴别其是否符合要求?

(3) 风管安装就位要注意什么事项?

3) 分析与解答

① 对风管材料进场验收的内容主要包括风管的材质、规格、强度和严密性与成品的外观质量。无机玻璃钢风管板材必须为不燃材料构成。风管材料的外观检查表面应光洁、无裂纹、无明显分层现象,不得出现返卤或严重返霜现象。

② 自制吊杆的规格应符合设计要求,吊杆应平直、螺纹完整、丝扣光洁,吊杆加长采用搭接双侧连接焊时,搭接长度不应小于吊杆直径的 6 倍,采用螺纹连接时,拧入连接螺母的螺纹长度应大于吊杆直径,并有防松措施。

③ 风管就位时，风管、部件、风阀等的排序应符合设计要求或自行测绘编制的草图，注意风口位置、核对标高和与建筑物的距离、控制走向误差；边长或直径大于1250mm 的弯管、三通、消声弯管等应单独设置支架，不应由部件与直管的接口承重；吊装边长或直径大于1250mm 的风管，每段吊装长度不大于2 节，组合吊装边长或直径小于1250mm 的风管，每段吊装长度不大于3 节；法兰连接螺栓应加镀锌平垫圈，且均匀拧紧。吊杆螺栓与横架型钢连接下端用双螺母在调整水平度后锁紧，上面用单螺母锁紧。支吊架的位置不设在风口、风阀、检查口和自控机构等处，垂直风管的支架，间距应小于等于3m，每支垂直风管的支架不少于2 个，由吊杆支架悬吊安装的风管，每直线段均应设刚性的防晃支架。

(2) 案例二

1) 背景

B 公司承建的某大型体育馆机电安装工程中的空调工程，供风风管每个系统完成安装后，保温前都要做系统的漏风测试试验。为此项目部施工员在测试前编制了测试作业技术交底文件，并向作业班组交底。由于文件编制目的明确、方法可行，使测试工作顺利展开，达到预期目的。

2) 问题

① 施工规范对漏风量检测有什么规定？

② 漏光检测怎样进行？

③ 检测结果的合格标准怎么判定？

3) 分析与解答

① 规范规定风管的漏风测试试验（严密性检验）以主、干管为主，即分支小管可以不做，在加工制作时工艺有保证的前提下，中低压风管系统可以用漏光法检测。通常在预制厂制作的每节铁皮风管，最后一道工序是漏光检测其制作中接缝的严密程度，而安装后检测的部位主要是风管及部件间连接的严密程度，当然也对每节风管的严密程度做出复核，以判定是否由于运输或安装不当发生了变异。

② 漏光法检测是利用光线对小孔有强穿透力的物理现象。试验方法是在一定长度的风管上，即试验要分段进行，在环境黑暗的条件下，在风管内用一个电压不高于36V 功率高于100W 的手提行灯，从这段风管的一端缓缓移向另一端，若在外面能观察到某处有光线，则表示该处会漏风，作出标记进行修复，注意行灯的电源线为施工现场用橡皮软电缆线，不要使用塑料双芯线。

③ 风管连接处严密度合格标准为：没有条缝形的明显漏光；低压风管每10m 接缝，漏光点不多于2 处，100m 接缝平均不大于16 处为合格，中压风管每10m 接缝，漏光点不大于1 处，100m 接缝平均不大于8 处为合格，这种评判方法称分段检测、汇总分析法。

4. 其他工程

(1) 案例一

1) 背景

某宾馆地下一层水泵房四台生活供水的清水泵试运转过程中发现水泵运转有跳动现

象,泵的轴瓦和电动机轴承温升过高,在客房内噪音也太大,超过设计要求的分贝值。为此项目技术负责人查询作业班组人员和专业施工员,并同赴泵房分析原因,同时查阅了相关技术交底文件,发现这种较大型水泵是泵体与电机分别供货的,安装时要对联轴器仔细找正,而施工员忽略了这一特殊情况,没有对连轴器找正方法和质量要求在技术交底文件中作出说明。经过纠正后水泵运转正常,噪声的干扰也达到了正常水平。

2) 问题

① 水泵运转时的跳动和轴瓦温升过高原因是什么?联轴器找正的基本要求怎样?

② 防水泵噪声的干扰应采取什么措施?

③ 该项目部技术交底工作有哪些需改进?

3) 分析与解答

① 水泵运转时发生跳动,大部分原因是其转动部分不平衡,产生离心力所致。轴瓦温升高也是轴受力不均对瓦产生周期性的强制力,破坏了润滑油膜的完整性导致磨擦而使温升上扬,根本原因是连轴器不同心,犹如一个弯曲的轴在高速旋转产生了这种不正常现象。连轴器找正的基本要求是两轴既无径向位移,也无角向位移,两轴中心线完全重合。

② 防水泵运转中产生的噪声干扰要从水泵机组隔振、管道隔振、支架隔振三个方面入手。水泵机组底座下要设橡胶隔振垫,其吸水管和出水管上也要有隔振防噪元件,如软接头等,管道穿墙、穿楼板也要有防固体传声措施,如在套管与管道间用柔性吸声填料填充,管道支架要用弹性支架,既防振又可防噪声传播。

③ 从背景可知,认为民用工程均为整体水泵机组是不全面的,不能凭经验办事,技术交底文件要有针对性,适合工程实体需要,这一点作业队组和施工员同样值得改进。

(2) 案例二

1) 背景

Z公司是以建筑智能化工程施工为主的机电工程安装公司,公司规定凡是新工程开工前,组建施工队伍过程中要进行培训和测试模拟编制技术交底文件。这次是一个仓储中心视频监控系统的安装工程,公司技术负责人讲解工程概况后,出了以下三个试题,并对测试结果实行讲评,收到了良好效果。

2) 问题

① 摄像机的位置应怎样选择?

② 摄像机安装要注意什么事项?

③ 监视器的安装有什么要求?

3) 分析与解答

① 摄像机的位置要选择在使它能拍摄到所监控的整个范围,减少摄像区死角。摄像机镜头应避免强光直射,镜头对准目标并应顺光拍摄。

② 摄像机安装前应带电检测、调试,正常后才可安装;引入摄像机的电缆要有1m的余量在外,导管与摄像机间这1m电缆用柔性导管保护,且不能影响摄像机的转动,固定用安装紧固件要大小适配,数量符合要求(指说明书上的介绍),要隐蔽的摄像机可设置在顶棚或嵌入壁内,还可采用针孔或棱镜镜头;室内摄像机安装高度2.5m~5m,室外摄像机安装高度不低于3.5m,室外摄像机要备有防雨罩,摄像机外壳和视频电缆一样对地

绝缘，可避免干扰，摄像机的防护罩、安装用支架等金属部件可接地。

③ 一般将监视器安装在控制台上。若装在柜内时，柜应有通风散热孔，监视器的位置应使荧光屏不受外来光线直射，当有不可避免的光照时，可设置遮光罩遮挡。

(3) 案例三

1) 背景

A公司为一消防工程施工专业公司，某项目部有范姓施工员，其根据类似工程施工质量问题的统计资料分析比较后，发现主要有点型烟感火灾探测器布置不当和ZST15型洒水喷头选用不妥（主要是色标与工作环境温度不适配），为此范施工员整理了有关规范及产品技术文件。编写了针对解决这两类问题的技术交底文件，在该新工程开始作业前召集全体作业人员进行交底，并要求大家提问，进行解释，且办理了双方签字的确认手续，收到了良好效果，有效地纠正了质量问题。

2) 问题

① ZST 15型洒水喷头的工作环境温度与玻璃球色标的关系是怎样的？

② 点型火灾探测器安装应注意什么事项？

③ 在有梁的平顶上装点型感烟、感温探测器时应注意什么事项？

3) 分析与解答

① 湿式自动喷水灭火系统中洒水喷头的工作原理是当火焰温度达到规定值，开始喷水启动整个系统，而ZST15型洒水喷头有ZSTP15、ZSTX15、ZSTZ15、ZSTB15等类，分别工作在不同的环境条件。如ZSTP15的额定动作温度57℃，最高工作环境温度为27℃，玻璃球色标为橙色，而ZSTB15的额定动作温度为93℃，最高工作环境温度为63℃，玻璃球色标为绿色。显然把适用高温环境下的洒水喷头用在低温环境条件，有火灾发生可能不启动，反之则容易产生误动作，所以一定要注意什么环境条件对应正确地选用洒水喷头。

② 点型火灾探测器安装的基本规定是：探测器至墙壁、梁边的水平距离不应小于0.5m；探测器0.5m内不应有遮挡物；探测器至空调送风口边的水平距离不应小于1.5m，至多孔送风顶棚孔口的水平距离不应小于0.5m；在宽度小于3m的内走廊平顶设置探测器宜居中布置；感温探测器安装间距不大于10m，感烟探测器安装间距不大于15m，探测器距端墙的距离为其安装间距的1/2；探测器宜水平安装，若有倾斜不应大于45°；探测器接线应留有余量的15cm，接线后应封堵接线口；探测器的确认灯，要便于观察，通常朝向观察人员的入口方向。

③ 在大开间场所，平顶上有梁下垂，探测器布置的保护区要修正。当梁突出顶棚高度小于200mm时，可以不计梁对探测器保护面积的影响；当梁突出200mm～600mm时，要按设计规范进行计算，确定保护面积和梁间区域探测器的个数；当梁突出600mm时，被梁隔断的每个梁间区域，至少应设置一只探测器；当梁间净距小于1m时，可不计梁对探测器保护面积的影响。

十一、施 工 测 量

本章以测量工作在机电安装工程中的重要性为主线,描述其管理和具体方法,通过学习以提高认识,同时阐明测量工作是指广义的测量,不仅是指通常理解的测绘工作,还包含机电工程的检测工作。全面理解可以促使工程质量不断改进。

(一) 技能简介

本节对测量检测工作的重要性和测量仪器仪表的选用原则进行说明,并在正确执行计量法的前提下,就怎样保持测量结果的准确性提出措施。同时对测量结果的记录提出了要求。

1. 技能分析

(1) 测量检测工作的重要性

1) 施工活动中的测量和检测工作是借助计量器具对被测对象进行有目的度量,求得测量值,用以评价活动的结果是否符合规范、标准的规定,是否符合预期的约定。

2) 房屋建筑安装工程中的测量和检测工作是保证工程质量、设备设施安全运行,达到工程设计预期功能的关键工作之一。

3) 施工中测量检测贯穿于施工的全过程,从原材料进场检验直至工程交付的交工验收为止,各个阶段都有测量和检测工作,这足以说明测量和检测工作在施工活动中的普遍性和重要性。

(2) 测量检测仪器选用的基本原则

1) 符合测量检测工作的功能需要。

2) 精度等级、量程等技术指标符合测量值的需要。

3) 必须经过检定合格,有标识,在检定周期内。

4) 外观检查部件齐全,无明显锈蚀受潮现象。

5) 显示部分如指针或数字清晰可辨。

(3) 保持测量的准确性的措施

1) 测量和检测人员要经过培训且考试或考核合格。

2) 分门别类按要求对测量检测仪器仪表进行保管,尤其应注意保管的环境条件。

3) 建立完善的测量和检测用仪器仪表的管理制度,使收、发、存账目清楚,去向用途可追溯,使用、保管、维修各情况有据可查。

4) 有条件的企业按 ISO 标准建立测量管理体系。

2. 测量和检测的记录

（1）记录的基本要求

1）记录要真实、正确、完整、齐全、及时，有可追溯性。

① 真实，是指记录要实事求是，不可弄虚作假。

② 正确，是指记录的数据要正确，用数字表达，不能用"符合要求"、"合格"来替代，也不能用规范标准规定的语言来替代。如规范指出低压电线的绝缘电阻测定值应大于 0.5Ω，若测定时的数值为 $5.2M\Omega$，要用实测数值填入记录，不能用"大于 $0.5M\Omega$"替代。

③ 完整，是指测量或检测的全部内容都应在记录中得到反映，不要遗漏。

④ 齐全，是指记录表式内所有空格均需填写，若本次测量或检测没有该项内容则用横杠作出标识。若用计算机做的记录，签字栏内必须本人签字，不可由他人代签。

⑤ 及时，是指记录要与测量或检测工作同步，要与工程进度同步，两者间隔时间不要太久，若用草稿在测量或检测时做的临时记录，建议在一周内填写入正规记录表式。

⑥ 有可追溯性，是指通过测量或检测的记录，可以了解工程从开始到结束全部施工活动的进程。

2）记录内的单位要用法定计量单位，无论手工书写的还是事先印好的，其表达形式要符合规定。

3）如记录要列入城建档案的，尚应符合《建设工程文件归档整理规范》GB/T 50328 的规定。

4）如记录中有图或草图，其构图规则要符合《房屋建筑制图统一标准》GB/T 50001 及相应配套标准的规定。

5）有些检测的数据与环境条件关联密切，如与空气的温度、湿度相关，与土壤的含水率相关，与空气中含尘量相关，因而记录表式中有环境条件类栏目者切莫遗漏填写。

（2）记录与施工日志的关系

1）施工日志是现场专业岗位人员每日记录当天相关施工活动的实录。内容广泛，包括计划安排、作业人员调动、作业面情况变化、资源变更、日进度统计、上级指令下达、内外沟通的实情等，还有意外事情的发生，当然这些内容不可能当日会全部发生，但施工日志是施工员、质量员每天必做的工作。测量和检测活动当然亦应记录在内。

2）施工日志的作用是便于检查施工活动安排的有序性和有效性，便于查阅存在问题处理的合理性和及时性，便于月旬作业计划编制的可靠性，便于发现问题、总结经验、汲取教训、持续改进施工管理工作，便于考核检查职责履行情况，为展开奖惩活动提供依据。

3）可追溯性主要指时间坐标上的可查证性，施工日志记录了测绘或检测活动，则活动记录的可追溯性就有了可靠的支撑。

（二）案例分析

本节以案例形式说明施工测量和检测的管理和具体方法，通过学习以利具体操作和提高技能，以适应现场施工管理的需要。

1. 给水排水工程

(1) 案例一

1) 背景

A 公司承建的某住宅小区安装工程,在建设后期,总包安排室外工程,包括道路围墙和园林绿化工作,要 A 公司先安排室外给水排水管网施工。为此 A 公司项目部 Y 施工员做了管网放样测绘的准备,较顺利地确定了位置,计算了土方开挖回填总量,室外给排水管网工程如期完工,也验证了其测绘工作的正确性。

2) 问题

① 管网测绘的基本步骤是什么?

② 测量的方法又怎样?

③ 给水管网和排水管网测绘有什么区别?

3) 分析与解答

① 管网测绘基本步骤有:

A. 根据施工设计图,熟悉管线平面布置,按实际地形绘制施工平面草图和典型断面草图。

B. 按平面、断面草图对管线放样测量,且要在管线施工过程中进行控制测量。

C. 在管线施工完成后,最终测绘平面、断面竣工图。

② 管网测绘的基本方法有:

A. 定位

可以依据已有建筑物进行管线定位,也可依据控制点进行管线定位。

B. 高程控制

可埋设管线高程控制的临时水准点,水准点一般都选在已有建筑物的墙角、台阶和基岩等处,也可埋设临时标桩作为水准点,但水准点的定位偏差要在允许范围内。

C. 管网竣工图的测量必须在回填土前,测量出管线的起点、终点、窨井标高和管顶标高。

③ 给水管是压力流,排水管是重力流,两者的坡度不仅数值不同而且坡向要求也各不一致。给水管有坡度,目的是检修时放净其中的剩水,一般在管网最低点设置排放阀门,向就近的窨井排放。但排水管道则不然,其坡度始终指向集污井等构筑物,促使有力排放。

(2) 案例二

1) 背景

某公司承建一大学教学楼的机电安装工程,其中给水管道安装要做两种强度检测(即管道试压),分别是单项试压和系统试压。为此专业施工员做了试压前的准备,并组织实施了作业。由于准备充分,措施有力,试压工作达到了预期效果。

2) 问题

① 施工员在给水管道试压前做哪些准备工作?

② 管道试压的步骤应怎样组织?

③ 不同材质的给水管道，其试压合格的标准是怎样规定的？

3）分析与解答

① 试压前施工员应先确定试压的性质是单项试压还是系统试压，检查被试压的管道是否已安装完成，支架是否齐全固定可靠，预留口要堵严，有的转弯处设临时档墩避免管道试压时移位，确定水源接入点，检查试压后排放路径，决定试压泵的位置，依据试验压力值选定两只试压用压力表，确认其在检定周期内，向作业人员交底等均为施工员应做的试压前准备工作。冬季还要做防冻措施。

② 基本步骤如下：

A. 接好试压泵。

B. 关闭入口总阀和所有泄水阀门及低处放水阀门。

C. 打开系统内各支路及主干管上的阀门。

D. 打开系统最高处的排气阀门。

E. 打开试压用水源阀门，系统充水。

F. 满水后排净空气，并将排气阀关闭。

G. 进行满水情况下全面检查，如有渗漏及时处理，处理好后才能加压。

H. 加压试验并检查，直至全面合格。加压应缓慢升压至试验压力。

I. 拆除试压泵、关闭试压用水源、泄放系统内试压用水，直至排净。

③ 试压合格标准要符合施工设计的说明，如施工设计未注明时，通常为：

A. 各种材质的给水管，其试验压力均为工作压力的 1.5 倍，但不小于 0.6MPa。

B. 金属及复合管在试验压力下，观察 10 分钟，压力降不大于 0.02MPa，然后降到工作压力进行检查，以不渗漏为合格。

C. 塑料管在试验压力下，稳压 1 小时，压力降不大于 0.05MPa，然后降到工作压力的 1.15 倍，稳压 2 小时，压力降不大于 0.03MPa，同时进行检查，以不渗不漏为合格。

(3) 案例三

1）背景

某公司承建的学生宿舍楼为多层建筑，东西两侧都设有卫生间，屋顶雨水排放管为暗敷在墙内，在排水管道施工过程中要做检测试验。为此项目部施工员编制了试验计划，实施中有力保证了工序和工种的衔接，促使施工进度计划正常执行。

2）问题

① 该宿舍楼排水管道工程施工中什么部位要做试验检测？（指隐蔽部位）

② 排水管道灌水试验合格怎样判定？

③ 什么是排水管道的通球试验、通水试验？

3）分析与解答

① 排水管道施工中如属于隐蔽工程的，隐蔽前均应做灌水试验。该宿舍楼有两种部位，第一是雨水排水管道，第二是东西两侧卫生间首层地面下的排水管道。

② 雨水管道灌水试验的灌水高度必须到每根立管上部的雨水斗，试验持续时间 1 小时，不渗不漏为合格。

卫生间排水管灌水试验的灌水高度不低于底层卫生洁具的上边缘或底层地面，满水 15

分钟，水面下降后，再灌满观察5分钟，液面不降、管道接口无渗漏为合格。

③ 通球试验是对排水主立管和水平干管的通畅性进行检测，用不小于管内径2/3的木制球或塑料球进入管内，检查其是否能通过，通球率达到100%为合格。

系统的通水试验是将给水系统的1/3配水点同时打开，检查各排水点是否畅通，接口无渗漏现象为合格。

2. 建筑电气工程

(1) 案例一

1) 背景

某施工现场开工后，先做塔式起重机基础，为方便材料进场，拟先将两台塔吊组立起来，项目部提出要先测定塔吊防雷接地装置的接地电阻值，合格后再组立塔吊，于是施工员用仪表实施了接地装置的检测。

2) 问题

① 施工员为什么先检测接地装置的接地电阻值？

② 接地电阻测量方法有哪些？接地电阻测量仪 ZC-8 的应用要注意哪些事项？

③ 为什么要至少测两次取平均值，什么时候测量较合适？

3) 分析与答案

① 因为塔吊上避雷针的避雷原理是将大气过电压（雷电）吸引过来泄放入大地而防止其闪击塔吊而造成损害，而泄放入大地要经过接地装置。如接地不良即接地电阻值不符合规定，则泄放雷电会失效，而形成更大的雷击几率，造成更多的危害。所以项目部提出要先测接地装置接地电阻值，合格后再立塔吊，若经检测不合格应增加接地极，直至合格为止。

② 接地电阻测定的方法较多，有电压电流表法、比率计法、接地电阻测量仪测量法等。

ZC-8 接地电阻测量仪使用的注意事项有：

A. 接地极、电位探测针、电流探测针三者成一直线，电位探测针居中，三者等距，均为20m。

B. 接地极、电位探测针、电流探测针各自引出相同截面的绝缘电线接至仪表上，要一一对应不可错接。

C. ZC-8 仪表放置于水平位置，检查调零。

D. 先将倍率标度置于最大倍数，慢转摇把，使零指示器位于中间位置，加快转动速度至120γ/min。

E. 如测量度盘读数小于1，应调整倍率标度于较小倍数，再调整测量标度盘，多次调整后，指针完全平衡在中心线上。

F. 测量标度盘的读数乘以倍率标度即得所测接地装置的接地电阻值。

③ 为了正确反映接地电阻值，通常至少测两次，两次测量的探针连线在条件允许的情况下，互成90°角，最终数值为两次测得值的平均值。

接地电阻值受地下水位的高低影响大，所以建议不要在雨中或雨后测量，最好连续干燥 10 天后进行检测。

（2）案例二

1）背景

某市民航机场的机电安装工程由 A 公司承建，该工程的电气动力中心的主开关室到各分中心变配电所用电力电缆馈电，每根电缆长度达 1km 以上。项目部施工员在试送电前要求作业班组在绝缘检查合格后才能通电试运行，认为用高压兆欧表（摇表）测试电缆绝缘状况是常规操作，所以未做详细交代，结果个别班组作业人员遭到被测电缆芯线余电放电电击，虽无大碍，但影响了心理健康。

2）问题

① 长度较长的电缆为什么在绝缘测试中会发生电击现象？

② 怎样应用兆欧表测试电缆的绝缘电阻值？

③ 从背景中可知施工员交底中有什么缺陷？

3）分析与解答

① 兆欧表摇测电缆芯线绝缘时，实际是对电缆充电，检查其泄漏电流的大小，以判断其绝缘状况。高压兆欧表的充电电压可达 2500V，若电缆绝缘状况良好，绝缘测试后，芯线短时内仍处于高电压状态，电缆线路越长，其电容量越大。测试后其贮存的电能量大，短时内不会消失，所以电气测试的有关规程规定，测试完毕应及时放电，否则易造成人身伤害。这个原则不光对较长电缆的测试适用，电容量大的如大型变压器、电机等的绝缘测试也适用。

② 用兆欧表测量绝缘电阻值基本方法如下：

A. 兆欧表按被试对象额定电压大小选用。100V 以下，宜采用 250V50MΩ 及以上的兆欧表；500V 以下至 100V，宜采用 500V100MΩ 及以上兆欧表；3000V 以下至 500V，宜采用 1000V2000MΩ 及以上兆欧表；1000V 至 3000V，宜采用 2500V10000MΩ 及以上兆欧表。

B. 测试操作

a. 水平放置兆欧表，表的 L 端钮与被测电缆芯线连接，表的 E 端钮与接地线连接，其余电缆芯线均应接地。

b. 匀速摇转兆欧表，达 120 转/分，待指针稳定后读取记录该相芯线绝缘电阻值。

c. 测试完仍保持转速，断开 L 端钮接线，停止摇转兆欧表。

d. 用放电棒对该相芯线放电，不少于 2 次。

e. 同法测另外芯线的绝缘电阻值。

③ 从背景可知，施工员仅对作业班组作了工作任务布置，没有提醒要注意的安全操作要领。

3. 通风与空调工程

（1）案例一

1）背景

A 公司承建的某大楼防排烟通风工程，经试运转和调试检测，形成调试报告。经业主送有关机构审核，审核通过后可办理单位工程交工手续。审核中发现有些检测数据不符规定，发回整改，要求重新调试检测。

2) 问题

① 防排烟通风工程调试检测的准备工作包括哪些内容？

② 调试检测主要用什么仪表，几个关键场所的风压、风速数据是多少？

③ 防排烟系统的联动关系是怎样的？

3) 分析与解答

① 调试检测的准备工作有三个方面：

A. 人员组织准备，包括施工、监理和业主及使用单位等相关人员。

B. 调试检测方案准备，内容包括调试程序、方法、进度、目标要求等，方案应经审批后才能实施。

C. 仪器、仪表准备，其性能可靠，精度等级满足要求、检定合格在有效期内。

② 调试用的主要仪表是微压计和风速仪，正压送风机启动后，楼梯间、前室、走道风压呈递减趋势，防排烟楼梯间风压为 40Pa～50Pa，前室、合用前室、消防电梯前室、封闭的避难层（间）为 25Pa～30Pa。启动排烟风机后，排烟口的风速宜为 3m/s～4m/s，但不能大于 10m/s。

③ 防排烟系统的联动关系为：

A. 正压送风系统

火灾报警器或手动报警器启动→正压送风口打开→正压送风机启动。

同时信号返回消控室，显示送风口和送风机工作状态。

B. 排烟系统

防烟分区内火灾报警器或手动报警器启动报警→排烟口打开→排烟风机启动。

(2) 案例二

1) 背景

B 公司承建的一幢办公大楼通风与空调工程在联合试运转后，经风量调整，办公人员陆续迁入，但发现环境条件与设计预期差异较大。查阅交工资料后，未找到通风与空调工程的综合效果测定资料。B 公司认为当时处于无负荷状态综合效果测定无实际意义，现在既然已搬进办公，对通风与空调的各项指标可以进行在负荷状态下检测以验证设计与施工的符合性，是科学合理的，表示同意择时做综合效果的测定。

2) 问题

① 综合效果测定的前提条件是什么？目的又是什么？

② 综合效果测定中的主要检测项目是什么？

③ 空调与通风工程综合效果测定后，还要做什么工作？

3) 分析与解答

① 通风与空调工程在无生产负荷下的试运转和调试，是指在房屋建筑未曾使用情况下的试运转和调试，但对工程的设备及整个系统不是空载的而是有负荷，实际上这是整个试运转的第一步，也是必须经过的一个过程，是综合效果测定的必备条件。综合效果测定的目的是考核通风与空调工程在实际使用中能否达到预期的效果，因为这种情况下的测

定,效果真实,干扰多,考验着系统的调节功能是否完善,是否要改进。

② 综合效果测定的内容包括室内的风速分布、温度分布、相对湿度分布和噪声分布四个方面。风速即气流速度,用热球式风速仪测定,温度可用水银温度计在不同标高平面上测定,相对湿度用自记录式毛发温度计测定,噪声用声级计测定,选点在房间中心离地面高度 1.2m 处。

③ 如综合效果测定与设计预期差异较大,则应给以调整,使室内气象条件各项指标符合要求,而且处于经济运行状态。当然这是与整个系统的设备先进程度和自动化水平高低直接相关的。

十二、施工区段和施工顺序划分

本章对施工组织管理的区段划分和相关的术语进行说明,并介绍划分的基本方法,通过学习以提高相应的能力。

(一) 技 能 简 介

本节对施工组织活动中有关术语的定义给以说明,并将彼此间的关联情况作出介绍,冀在概念上有一个较清楚的认识。

1. 定义

(1) 施工区段

1) 实践证明,一个工程项目的施工要分区实施,区内要分段施工,才能使工程循序渐进,有条不紊地展开,从而取得良好效益。

2) 常用的施工组织方法有依次施工、平行施工和流水施工三种,只要不是应急抢险工程,正常情况下依据具体情况(指生产资源供给的能力状态)基本上都选择上述三种之一的施工组织模式。而这三种组织模式都要对施工区域划区分段。

3) 规模较小的单位工程可不分区,但必须分段施工,这是客观实际情况的反映。

(2) 施工顺序

1) 施工顺序反映施工活动中的工序衔接关系,应符合工艺技术规律,在一定生产力水平下是不能违反的。比如电气工程中要导管敷设安排在先,管内穿线安排在后,反过来的安排是不可能也行不通的。

2) 施工顺序有空间顺序和工种顺序之分。讨论空间顺序目的是解决施工的流向,施工流向是由施工组织、缩短工期和保证施工质量三个方面的要求而决定的。讨论工种顺序目的是解决工种之间在时间上的衔接关系,必须在满足施工工艺要求的前提下,尽可能地利用工作面,使按工艺规律的两个相邻工种在时间上合理地和最大程度地搭接起来,如组织流水施工,显得十分必要。空间顺序的安排要以工种顺序为基础,不能违反工艺规律。

(3) 程序与顺序

1) 顺序的含义已明确,程序的安排不能违反顺序的安排原则,即不可违背技术规律,但对可以平行施工的工序,则可按人们的意愿作出灵活的安排。比如建筑电气工程中的照明工程,当导管穿线后可以安排三个工作,即安装灯具、安装开关、安装插座,哪个先装、哪个后装,可由程序安排者依据具体情况作出决定。由此可见顺序是客观存在,不能人为调整,而程序是有可能作出调整的。

2) 程序表达的形式可以是文字说明、列表说明、框图等,以图示为最佳选择。

2. 区段划分时安装与土建的关系

（1）民用建筑工程

民用建筑工程土建施工单位为总承包单位，安装工程施工单位为分包单位，所以安装工程的区段划分要与土建工程的区段划分保持一致，以保证项目建设按期完成。

（2）工业建筑工程

工业建筑工程的施工总进度安排一般以工艺生产线尽早投产作出安排，其区段划分以生产流程为主导，所以建筑安装两类工程的区段划分也基本保持一致，但划分的原则是有区别的。

（二）典型施工顺序介绍

本节以房屋建筑安装工程中具有代表性的各专业常见分项工程的施工顺序为例进行介绍，并作解释，希望通过学习，在实践中得以应用。

1. 给水、排水工程

（1）室内给水管道工程

1）施工顺序

施工准备→管道预制→支吊架制作安装→[立管安装→支管安装 / 阀门安装]→管道试压→管道防腐或保温→管道冲洗消毒

2）解释

① 立管安装包括干管安装，如室内供水形成环网供水，则干管是水平的，应先安装，若是立管从室外环网引入的，则干管就是引入管的一段。

② 阀门安装是在立管、支管的安装中交叉进行的。

③ 文字中用"或"表示视具体情况而发生的作业活动。

（2）室内排水管道工程

1）施工顺序

施工准备→管道预制→支吊架制作安装→立管安装→支管安装→封口堵洞→灌水试验→通球试验

2）解释

① 如施工中某段管子需隐蔽的，则该段管子应先进行灌水试验和通球试验。

② 如排水工程的管子全部处于吊平顶内和竖井内，则管子试验合格后，土建或装饰施工单位才能做竖井的防火封堵和做吊平顶。

（3）室外给水管道工程

1）施工顺序

施工准备→放线挖土→沟槽验收→管道预制→布管、下管→管道对口、调直稳固→管道连接→试压、冲洗、消毒→土方回填、砌阀门井

2) 解释

① 施工顺序提供了室外给水工程施工的全过程，其中有些工序如挖土、回填和砌阀门井等作业可由安装施工单位委托专业队施工。

② 管道试压前是否要对管道加置防止试压过程中发生位移等现象的阻挡物，视工程的管径、工作压力等具体情况，由施工方案、作业指导书等技术交底文件确定。

2. 建筑电气工程

（1）盘柜安装

1) 施工顺序

施工准备→盘柜搬运→基础型钢制作安装→盘柜就位→硬母线安装→一、二次线连接→试验整定→送电运行验收

2) 解释

① 该施工顺序主要适用于变配电所内集中的高低压配电柜的安装。

② 如盘柜集中存放在设备仓库内，基础型钢的形位尺寸可在库房内进行测定，则盘柜搬运这个顺序可安排在盘柜就位之前、基础型钢制作安装之后。

（2）钢导管敷设

1) 施工顺序

施工准备→管线、盒箱定位→盒箱固定→支吊架制作安装→导管加工→管路敷设→变形缝处的处理→接地线连接→清扫管路

2) 解释

① 该顺序适用于钢导管的明敷设，如暗敷于现浇楼板内，尚需补充混凝土浇筑时的监护这个顺序。

② 因钢导管的连接形式有多种，在管路敷设这个顺序中可以将连接作业化解出不同的子顺序。

③ 最末一个顺序清扫管路也可看作管内穿线这个分项工程的施工准备的主要内容。

（3）防雷接地安装

1) 施工顺序

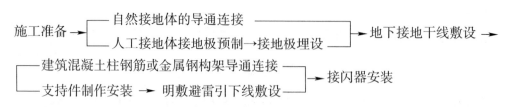

2) 解释

① 如施工设计以建筑桩基等自然接地体作该建筑物的接地装置，则连通完成后，要测量接地电阻值，若不能满足要求，则要起动人工接地体制作安装这条辅助线。

② 如施工设计未规定利用自然接地体（通常为多层建筑），则防雷接地安装的施工顺序按人工接地体和避雷线明敷这条线路安排施工顺序。

③ 无论何种情况，接闪器安装要排在最末端。

3. 通风与空调工程

(1) 金属风管制作

1) 施工顺序

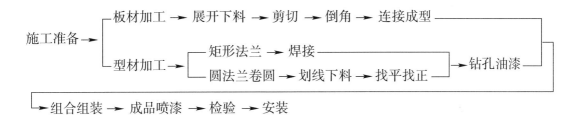

2) 解释

① 该加工顺序反映了金属薄板风管以现有加工机械制作的全部顺序安排，计由板材加工、型材加工、组合（组成风管）三个子顺序合成。

② 末端"安装"不是制作的施工顺序，仅指明了成品的下道顺序去向。

(2) 风管及部件安装

1) 施工顺序

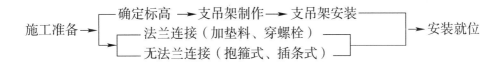

2) 解释

① 这是一个金属风管安装的通用顺序，比如风管的保温视作安装前已完成，但没有对安装后应作保温的修补作出安排，显然有不足之处，实际应用时应加以补充。

② 明确了安装就位应着落于正式支吊架上，不得使用临时支架支撑，以提高效益，减少安全事故的风险。

(3) 洁净空调工程安装

1) 施工顺序

2) 解释

① 这个顺序安排反映了洁净空调系统安装全部流程。

② 顺序安排中指明了洁净空调系统中关键设备高效过滤器的安装时机在设备单机试运转合格后，是不可违反的，否则会使其损坏或失效。

4. 其他工程

(1) 室内自动喷水灭火系统安装

1) 施工顺序

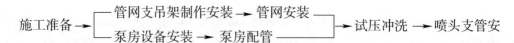

装及试压 → 喷头及系统组件安装 → 系统调试

2) 解释

① 该顺序安排为一幢大楼的自动喷水灭火工程，其管网的试压可分层分段实施。

② 喷头支管安装指的是在吊平顶上的喷头支管，一般不与管网同时完成，需与装饰工程同时进行，因而要单独试压。

③ 系统组件指的是水流指示器、报警阀组、节流减压装置等，应在管网冲洗后安装，否则易在冲洗过程中导致损坏。

(2) 通风与空调绝热工程安装

1) 施工顺序

2) 解释

① 该顺序是空调风管内外绝热施工的通用顺序，粘结卡固这个顺序由于材料不同要用子顺序给以细化。

② 本顺序适用于风管岩棉类板材内、外保温、橡塑类板材内外保温。

5. 结论

所有介绍的典型施工顺序是常规情况下的安排。由于未作背景说明，应用时要依工程具体情况在不违反工艺技术规律的前提下作出剪裁修正，以促进施工过程合理有序进行。

十三、进度计划与资源平衡

本章以单位工程施工进度计划编制、实施、调整为主线说明进度计划与资源管理间的关系，希望通过学习提高业者的平衡协调能力，促使项目施工不断提高效益。

（一）技 能 简 介

本节主要对施工员应具备的施工进度计划和资源平衡计划编制能力作出介绍，并通过案例分析，以验证其掌握程度。

1. 施工进度计划编制的重要性

（1）施工活动的结果是形成工程实体，工程实体的形成应是符合施工顺序、符合工艺规律、符合当前的科学技术水平，而这三个符合体现在施工进度计划编制过程中。

（2）合理的施工进度计划有利于工程实体的顺利形成，并确保工程质量、确保安全施工。

（3）按施工进度计划展开施工活动形成建筑产品如各种制造厂按计划生产产品一样，同理不能生产产品的工厂和不能形成工程实体的施工活动一样是无效的，没有存在的必要，也使其他各项管理工作失去存在的基础，所以施工进度计划的编制、实施和控制在施工活动的全部管理工作中是属于首位的。

（4）编制好的施工进度计划是编制同期的各种生产资源需要量计划的重要依据，包括人力资源、材料和工程设备、施工机械、施工技术和施工需用资金等各种需要量计划。

2. 施工进度计划与资源供给计划

两个计划是互相协调和平衡的关系，表现为：

（1）施工进度计划编制前，必须对生产资源供给的状况和能力进行调查，作出评估，否则施工进度计划的实施有着一定的风险。

（2）施工进度计划确定后，是编制生产资源供给计划的依据，该计划的执行是施工进度计划实施的物质保证。

（3）施工进度计划的编制实行弹性原则，即计划要留有余地，使之有调整的可能。同样地，资源供给计划的编制也要坚持弹性原则，留有余地，当施工进度计划作出调整时使资源有可能进行调度。

（4）施工进度计划编制中应用的循环原理、系统原理、动态控制原理和信息反馈原理等方法或原则，同样适用于资源供给计划的编制，仅是侧重点各有不同。否则两种计划的编制和执行就做不到同步协调、总体平衡。

3. 施工进度计划的实施和检查

(1) 计划实施

1) 实施前的交底

① 如交底工作由企业组织,则参加的人员包括项目部的相关管理人员、作业队(组)长、分包方的有关人员。

② 交底的内容包括明确进度控制的重点,交代资源供给状况,确定各专业间衔接部位和衔接时间,介绍安全技术措施要领,介绍该单位工程质量目标。

③ 为保证进度计划顺利实施,企业将采取的经济措施和组织措施同时作出说明,以求取得共识,并对各项技术经济指标作量化介绍,为签订承包责任书做好准备。

2) 实施中的进度统计

① 做好实时的实际进度统计,以便与计划对比,确定是否出现偏差,以供是否需调整作决策依据。

② 统计实物工程量进度的同时,统计资源消耗量,便于积累经验和数据,为制订企业定额奠定基础、创造条件。

3) 实施中的资源调度

调度分为正常调度和应急调度两类。

① 正常调度是指进入单位工程的生产资源是按进度计划供给的,调度的作用是按预期方案将资源在各专业间合理分配。

② 应急调度是指发现进度计划执行发生偏差先兆或已发生偏差,采用对生产资源分配进行调整,目的是消除进度偏差。

(2) 计划的检查

1) 做好进度统计是检查计划执行效果的主要手段,可以发现进度有无偏差及偏差程度的大小。

2) 通过检查可以进一步协调各专业间的衔接关系,掌握工作面的状况和安全技术措施的落实程度,为下一轮计划的编制做好准备。

(二) 案 例 分 析

本节以案例形式介绍房屋建筑安装工程各专业进度计划的实施与调整,冀通过学习,以提高实际操作技能。

1. 给水排水工程

(1) 案例一

1) 背景

A 公司承建的我国东南沿海某市旅游度假区别墅群的机电安装工程,已处于收尾阶段,其中给水排水工程主要是室内卫生洁具的配管和每幢别墅的给水管冲洗消毒及排水管的通球试验,室外配合园林绿化做喷水池、水景等的给水管敷设。其时正值南方多雨季节，A 公司项目部安排了每个月的作业计划，由于计划安排较妥善，3 个月的收尾工作虽有曲折，但能如期完成。

2) 问题

① A 公司项目部在多雨季节施工应怎样安排好室内外的施工作业？

② A 公司项目部应怎样做计划交底工作？

③ A 公司项目部应怎样考虑收尾阶段的资源调度？

3) 分析与解答

① 从背景可知，该工程在收尾阶段的给水排水安装的特点有 2 个，一是工程比较零星分散，二是有室内室外两类作业环境。室外作业在多雨季节施工受气候影响较大，因而计划安排时对每个作业班组都下达了室内作业计划和室外作业计划。计划的时间单位为日，由作业班组自行调度，雨天在室内施工，天好先做室外的工作，考核进度计划完成情况以每日完成的实物形象进度为准。材料、施工机具的配置按作业计划安排分室内室外两大部分。

② 通常收尾阶段作业计划的交底要按每个收尾部位为单元进行。由于零星分散，每个部位作业人数不多，所以交底要贯彻到每个具体作业人员，内容包括质量要求、完成所需时间、安全注意事项、天雨天好的交替安排、所需材料设备的存贮情况等。

③ 由于收尾阶段工程零星分散，所需资源量不大，但品种较多，同时有积累下来的未解决的材料问题，因而资源（材料）需用量计划要按每个收尾部位列表编制清单，汇总后成采购供应的依据，调度与分配按清单执行。同时仓储量不应过多，只要略大于定额损耗率即可，以免增加完工后的材料退库回收数量。

(2) 案例二

1) 背景

A 公司承建一体育中心的供水泵房，泵房装有多台大型离心水泵，泵房配有 10t 检修用梁式吊车。工程承包合同约定，工程内容包括机械设备安装、泵房配管、电气工程、仪表工程，以水泵供水日为工期目标。同时合同还约定，全部设备材料由 A 公司采购供应。泵房的建筑工程已基本完成，安装工程具备全面开工条件，为此 A 公司设备材料管理部门与设备材料供应商签订了采购供应合同。A 公司项目部制定了泵房施工进度计划，经批准按期开工。开工一周后，水泵供应商函告，由于制造厂遭水患，厂房受损不能按期供货。

2) 问题

① 依据背景材料，A 公司项目部应怎样安排施工进度计划？

② 当水泵供应商函告延期供货，A 公司项目部应怎样调整进度计划，又作出怎样的调度？

③ 泵房的施工怎样安排各专业间的衔接？

3) 分析与解答

① 从背景看这是一个大型供水泵房，水泵重量较大，施工设计考虑比较周密，所以配备了检修用吊车。A 公司项目部安排进度计划时，以水泵安装及泵房配管为主线、电气工程和仪表工程为辅线可平行于主线同时施工，而三条施工线路的汇合点是在水泵试运转

的时间节点上。为了能在施工中吊运设备及材料，项目部在开工后首先安排的是将 10t 梁式吊车及其轨道安装好，经特种设备监督机构检查验收后，用临时电源通电运行，以方便施工。

② 按常规施工安排，泵房的水泵安装通常排在进度计划的首位，为后续的泵房配管奠定基础。项目部接到水泵供应商函告供货延期后迅即作出反应，将安装好吊车的钳工和起重工调离泵房，将管工和电工调入进行泵房的配管及预制，使管道与泵的连接留一段活口，以便泵安装后连接。同时调整施工方案，不使配管妨碍日后泵的吊装就位，电工开始部分电气工程的安装，尽最大限度地完成工程量，可以仅留下从配电柜至泵电动机一段馈电电缆，待日后水泵及电动机就位后再连接。项目部经过人力资源和物资调度及修正施工方案等一系列预防因水泵延期交货而影响施工进度计划的措施，确保了总工期，达到水泵房按期供水的目标。

③ 正常情况下，该工程各专业的衔接应是：机械设备安装专业先行将吊车、水泵安装就位，给管道安装专业配管定位创造条件，同时吊车给电气和仪表安装专业提供了盘柜安装就位的方便，泵房配管基本完成，管道安装专业给仪表（含温度、压力、流量等）的测点定位提供了条件，电气安装专业要在水泵试运转这个时间节点前完工，并在仪表可以系统调校前对仪表供电，仪表系统调校完成，电气专业将电动机空载试运行完成，两者都合格，这就为水泵负荷试运转向外供水提供了必备条件。

2. 建筑电气工程

(1) 案例一

1) 背景

B 公司承建一幢高层建筑商住楼的机电安装工程，其中建筑电气工程的导管埋设和电缆桥架及线槽敷设均已到位，因而安排月度作业计划时突出了两个可平行作业的分项工程，即管内穿线和桥架内电缆敷设，由两个作业队分别进行，工作面互不干扰，人员配备相当，测算估计各要用 20 天方可完成。实施计划前，送检的电线质量检测报告通知，电线质量不符规定，要向供货商退货，更换合格的产品，为此 B 公司项目部调整了施工作业进度计划。

2) 问题

① B 公司项目部应怎样调整作业计划？

② 这种影响作业计划的因素属于什么性质？

③ 为什么 B 公司项目部能比较顺利地调整作业进度计划？

3) 分析与解答

① 从背景可知，B 公司项目部对建筑电气工程月度作业计划安排的两个分项工程的所需劳动工日或所需日历天数是相当的。所以当供货商合格电线赔付到来之前，把电工作业人员全部集中到桥架内电缆敷设工作中去，加快了电缆敷设的进度。合格电线估计一周后能送到，送到后可以作两种安排，第一全部电工作业人员继续敷设桥架内电缆，敷设完成再一起转入管内穿线工作；第二是原定管内穿线作业人员不再敷设桥架内电缆，转入管内穿线工作。由于工作量相当，所以两个分项工程均能按计划完工。但第一种安排较佳，可

以少一些施工准备工作的时间。

② 这种影响进度计划实施的因素属于项目外部造成的，主要是供应商违约，违背采购合同（格式合同）对产品供应质量的约定。也可视作项目内部即到场材料经检查验收不合格现象严重而引起的。

③ 项目部安排的该月建筑电气工程作业计划是两个可平行工作的作业。没有工艺技术规律的约束，实施计划时遇到干扰发生偏差容易调整，这也是编制作业计划要考虑的弹性原理的体现。如果作业进度计划编制成一系列有相互制约、不可逾越、依次进行、只能衔接的工作安排，只要其中一个工作节点由于影响因素干扰而停止作业，则进度计划无法继续实施，这样的安排不合理也不能算作好的计划。

(2) 案例二

1) 背景

A公司为一特级建筑总承包公司，属下有机电安装分公司。A公司承建的某大型酒店工程正处于全面装修阶段，比邻的某中学教学楼正在施工主体结构，两者为同一项目经理部管理。机电安装工程由A公司机电分公司施工，由于机电分公司作业队施工力量的限制，教学楼每层楼板内埋设的电气导管的作业天数要比同类工程长，因而项目部在优先保证酒店工程需要的前提下，放慢了教学楼施工进度计划安排。虽然其他工地有富余的建筑施工力量，但项目部为了考虑总体平衡，作业计划未作另外安排。当月度作业计划即将实施时，设计单位依据业主需要对酒店宴会厅和大堂的装修作出重大修改，机电工程在吊平顶上的配管将全部返工重做，部分灯具要拆除更换型号，新的型号、供电线路路径和规格约在30天后施工设计图纸审查批准后确定。为此项目部对施工进度计划作出了调整并对资源进行调度。

2) 问题

① A公司项目部接到酒店大堂和宴会厅的装修工程的修改通知后做了哪些调整和调度？

② 这是一个什么样性质的影响进度计划的因素？

③ A公司是总承包方应怎样协调？

3) 分析与解答

① 项目部得悉酒店大堂和宴会厅的装修工程有重大设计修改后，当即通知包括机电分公司在内的分包方停止施工，并要求机电分公司暂停履行相关的灯具采购合同，并告知先不要安排拆除工作，待设计修改图纸收到后再作安排，同时要评估因重大设计修改造成的经济损失或工期损失，积累资料为工程索赔做好准备，对停工的作业班组尽量安排到其他作业面继续工作。

② 从背景可知，影响作业进度计划执行造成进度偏差的影响因素比较清晰，属于项目外部，是设计作了重大变更而形成的。

③ A公司得知酒店工程情况后，全面权衡该项目部的两个工程，提出调度意见，将酒店大堂和宴会厅装修作业的电工作业班组调入比邻的教学楼工程增强配合建筑工程施工的导管埋设力量。同时调入其他工地富余的建筑施工力量，以加快教学楼的施工进度，并修正教学楼施工的作业计划。

3. 通风与空调工程

(1) 案例一

1) 背景

B公司承建的某行政大楼的机电安装工程，其中通风与空调工程已进入调试阶段。空调工程要调整各房间风量、风速、温度、湿度和噪声等各项指标。由于系统多、工作量较大，防排烟工程主要在主楼有电梯的建筑部分，防排烟工程要经调试和消防功能验收，系统相对较少。调试要求各场所的风压值符合规定，风压的分布规律符合要求，项目部依据业主与公安消防机构约定的日期安排了防排烟工程调试的作业进度计划。项目部考虑其系统较少，安排专业施工员负责通风空调工程的调试，作业队长负责防排烟系统调试。由于作业队长对防排烟系统在理论上对工艺不够熟悉，尤其对诸多调节阀的功能和作用知之甚少，在进度计划实施后，指挥失当、调节效果不大，规定指标较难实现。因而作业进度缓慢，出现较大偏差，距离验收日期日益临近，施工员发现后进行了调整，预计不能按期完成。

2) 问题

① 施工员发现进度偏差较大后，进行了怎样的调度？

② 发生进度偏差的影响因素属于什么性质？

③ 虽然作了调整，但预计不能如期完成，施工员应采取什么样的措施？

3) 分析与解答

① 施工员发现防排烟通风工程调试进度偏差大的原因是作业队长不熟悉工艺要求造成的，于是将通风专业施工员与作业队长的工作位置实行对调，以求防排烟工程调试进度加快能赶得上消防功能性验收的约定日期。

② 发生进度偏差的主要因素是在项目内部，属于项目管理不当。表现为把不熟悉防排烟工程工艺的作业队长派去指挥防排烟系统的调试，其本人的指挥工作因而失当，而熟悉该工艺的专业施工员安排在普通的通风与空调工程的系统调试。

③ 施工员虽然经调度，纠正了发生进度偏差的影响因素，但为时已晚，估计不能按时进行防排烟工程的消防验收。于是向项目部报告，要求业主向公安消防机构沟通，说明情况，延期安排该项目防排烟工程的消防功能性验收的日期。

(2) 案例二

1) 背景

A公司承建的某医院通风与空调工程已处于试运转阶段，冷冻水管道正在按计划进行用玻璃纤维瓦进行保冷。有三个作业班组平行作业于不同楼层，他们是共同完成了底层门诊大厅挂号室的冷冻水保温工作而分工去各个楼层的，原因是门诊大厅的挂号室工程量大，天气渐热、人员密集流动性大，院方急于要使用，因此其试运转通冷冻水安排为首批。通水后发现玻璃纤维瓦浸满了凝结水，不断往外滴漏，犹如雨淋一般，究其原因，保冷瓦的内径与被保冷的管子外径不一致，留有空隙，致管壁结露，外覆的铝箔也不紧密，出现了如上所述的质量问题。施工员为此修正了进度计划，并进行了有关调度工作。

2) 问题

① 施工员怎样修正进度计划，做了哪些调度工作？

② 这种影响进度的因素属于什么性质？
③ 出现这样的质量问题，说明哪个管理环节失控了？
3）分析与解答

① 施工员发现门诊大厅冷冻水管保冷质量问题后，立即停止了冷冻水系统的试运行，并向项目部报告，提出建议召集有关人员（包括项目技术负责人、质量员、保冷作业班长等）对发生质量问题的原因作出分析和判断。当原因确定后，（即保冷瓦内径不符合要求及操作方法不当，铝箔贴得不密实），通知材料员向供货商退货和更换，同时调一个在楼层上作业班到门诊大厅做拆除作业。待调换来的符合要求的保冷材料到达后，即停止楼层上的作业，全部投入门诊大厅的保冷作业，并要求作业班组改进铝箔粘贴质量，为此施工员对该月的保冷作业进度计划作出了调整。

② 这种影响作业进度计划实施的有项目内部的施工方法失误造成返工，还有可能是对原材进场验收把关不严，也有可能是供货商供货质量发生差异，属于项目外部的影响因素。

③ 出现这次因质量事故引起的进度计划调整，可从项目管理上引起重视而需要整改的有两个环节。一是必须加强材料进场验收，避免不符合要求的材料用在工程上，二是在施工作业前做好技术交底工作，防止发生操作方法失误。

十四、工程计价

本章在学习了工程造价构成的基础知识后，掌握了工程造价构成原理，在这个平台上，如何实际应用于建筑设备安装工程计价是介绍的重点，并通过案例锻炼做预算的能力。

（一）技 能 简 介

本节对影响工程计价技能的因素进行分析介绍，希望通过学习，提高工程计价能力。

1. 技能分析

（1）阅读图纸能力的影响

1）不论人工计算工程造价还是用计算机计算工程造价，前提条件是对施工图纸的熟悉程度，决定了计取工程量的准确性。

2）投标时采用工程量清单计价法综合单价计价。虽然工程量由招标方提供，但投标方仍有复核的必要，因为招标文件会有对工程量提出两种不同的解释，一种是不论何种情况提供的工程量清单均不作调整，另一种是在招标答疑会上允许提出疑问，后一种情况说明工程量复核的必要性。

3）虽然 BIM 技术的推广可以自动计取工程量，但对于施工过程中大量的设计变更仍需采用人工计取工程量，否则会对竣工结算造成影响。

4）熟悉有关定额的构成，包括每个子目包含的工作内容和所含的材料必须清楚。

5）费用定额的规定，有地方性、政策性、变异性等特点，要注意其时效的变化。

6）同样地要注意材料的市场信息价的变化。

（2）施工经验的影响

1）施工图纸通常提供主材的规格、尺寸，而可以计价的辅材要凭工程施工实践中进行掌握其需用量。如给水排水工程的管件，建筑电气工程的灯盒、开关盒等，通风与空调工程各类支吊架。

2）有些施工图纸仅提供平面图，立面上的尺寸要依据施工规范或标准图集的规定来确定，如给水排水工程各类配水阀门的高度，建筑电气工程开关、插座安装的高度，通风与空调工程出风口的位置要查阅建筑或装修施工图。这些因素不仅影响主材数量，而且也影响可计价的辅材数量，总之，要影响工程量的正确性。

3）工程量计算规则中对钢架结构件重量规定要计入焊缝的重量，怎样计入不仅与焊接方法（自动焊或手工焊）有关，主要与施工企业本身的消耗水平（企业定额）有关，这也是在实践中所积累的。

4) 有些新材料或新工程设备的应用，在定额本中还未被列入，因而要在推广中凭以往类似的经验作出评估，做好工料分析，得出单价，与相关方协商共同确定。

2. 造价与成本

（1）工程造价构成的科目与成本构成的科目是基本一致的。

（2）工程造价的准确性不仅影响企业在市场竞争中的成败，更主要影响企业成本管理的有效性，直接对企业的盈利水平起决定性作用。

（3）工程造价和成本核算关联密切，且受中央和地方的经济财政政策制约，所以要时刻关注其变化和时效，不使工作发生失误。

3. 企业定额的测定

（1）全统定额反映的是全国平均先进的施工技术经济水平，而每个施工企业都必须掌握自己的技术经济水平才能参与市场的竞争而立于不败之地，则必须有自己的企业定额，有了企业定额可以进行比较判定企业的技术经济水平的位置。

（2）企业定额的建立是在积累资料和数据的基础上，形成自己的定额也是软实力的表现，当然也是企业的商业秘密。如要印行需注意内外有别。

（二）案例分析

本节以案例形式对房屋建筑安装工程的三大专业工程即给水排水工程、建筑电气工程和通风与空调工程在工程计价中的注意事项为例进行分析讨论。

1. 案例一（给水排水工程）

（1）背景

A公司近日招聘了在本公司已实习半年的若干名职校学生为新员工，准备去施工现场做见习施工员，经培训和安全教育，并进行了考核，考核的内容包括工程计价。试题是一张地处北方的学生宿舍楼的给水工程轴测图，楼共五层，每层的盥洗室是相同的，因而立管表达完整，而水平支管仅画了底层和顶层，旁有文字说明是简易画法，屋顶有两个水箱，有进出水管通往6支立管，要求新员工摘取实物工程量，结果发现有的工程量缺少保温材料，有的仅摘取了立管数量和底层及顶层的管材却缺少相应的管道连接配件。培训教员认为答得比较齐全的试卷作为计取工程造价是可行的，但不能作为资源需用量计划编制的依据。

（2）问题

1）为什么缺少保温材料，用在什么部位？

2）发生管材及配件统计少了是什么原因？

3）为什么回答较好的只能作计价依据而不能作编制资源需用量计划的依据？

（3）分析与解答

1）学生宿舍屋顶贮水箱有部分露裸的供水管道，在北方冬天，气温会在0℃以下，如不保温易发生管道冻裂事故，造成供水中断。所以有关规范规定，要对露裸的管道保温，一般不再在施工设计图上加以注明，新员工缺少施工现场经验，容易在计算工程量时遗忘。

2) 这主要是新员工在阅图能力上还不够。虽然施工图有说明，但仅对图上有标明的图示作了统计，而配件部分，有支管的部位不易漏掉对三通的统计，而直管部分的等径连接用部件容易忘记统计，其数量在有关定额本中可以查到，异径连接的大小头也要认真阅图后才不会忘记计取。

3) 因按图计取的工程量反映了工程完工后工程实体的数量，而施工中材料必然发生不可避免的损耗数量，所以备料即编制的资源需要量计划要略大于工程计价所取的数量。至于大多少，在定额本中可以查取不同材料的额定损耗率，若实际执行中大于该额定损耗率则会增大工程成本而造成亏损。

2. 案例二（建筑电气工程）

(1) 背景

B公司某项目部主任经济师在审阅C分包方提交的分包工程（学生食堂的建筑电气照明工程）的施工图预算时，发现以下问题：①装在平顶上的照明灯具的供电线路导管长度基本正确，而在厨房地坪内埋设的由配电箱到电动机线路的导管普遍较短。②动力线路的长度刚好是每根导管长度的3倍。③48W的荧光灯吊链安装、吸顶安装、嵌入安装各种形式都有，但定额编号一样，单价一致。为此把C分包方编制预算的见习施工员找来询问。

(2) 问题

1) 为什么不同场所的电线导管长度有的计取正确、有的失准？

2) 怎样计算导管内电线的长度？

3) 荧光灯安装的单价是否都一样？

(3) 分析与解答

1) 装在平顶上照明线路反映在平面图上，灯位到灯位的距离比较明确，因比例尺量取比较正确（这里要说明一下，没有包括由灯位到开关或插座的埋在墙内的导管，仅指敷设在平顶上的导管）。而在厨房内埋设动力线路的导管亦用平面图表示，若采用与灯具配管一样用点到点的量取必然会计取得少，因为埋地敷设的动力线路一端自配电箱引出，另一端引至电动机，两端都有一段直管段，至于直管段的长度要视施工规范的规定和动力设备的具体情况而定，这个识别能力需要经施工现场的锻炼而获得。

2) 如果动力线路管内穿三根电线，其单线延长米数不能简单地用导管长度乘三即得，因为电线两端都要与设备连接，要有一定的数量，且要留有检修用的余量，通常与配电箱连接的长度为自导管出口加配电箱的二分之一周长，与电动机一端亦要视动力设备情况而定，通常约留0.8m左右。如不直接进入电动机而进入设备带来的控制箱则亦应自导管出口加控制箱的二分之一周长。

3) 主要是对套用的定额单位估价表不熟悉，没有仔细鉴别其所涉内容，同一种功率一样的灯具，不同的安装方式所需用的辅助材料和人工是不一样的，因而单价是不同的。

3. 案例三（通风与空调工程）

（1）背景

A 公司承建某大学科学实验楼机电安装工程。开工前对其现场项目部施工管理人员及作业队长加强经济承包的能力进行培训，其中有工程计价方面的内容。对通风专业测试的试卷是，实验楼地下一层停车库大规格玻璃钢风管计价表中有哪些漏项，地上 15 层化工制药洁净空调风管的面积计算是否正确，首页计价汇总表怎样快速判断是否失准的第一个步骤等。下列是问题的判断和原因分析。

（2）问题

1）地下停车库的玻璃钢风管的支吊架的重量偏少，什么原因？

2）洁净空调系统风管面积偏多，什么原因？

3）第一步判断汇总表是否失准的方法是什么？

（3）分析与解答

1）地下室大规格风管的支吊架的材料选用、支架间距等应单独进行施工设计，不能套用标准图集的最大规格尺寸，套用的话支吊架的重量必然偏少，而出现漏项。这里所指的大规格风管是指圆形风管直径大于 2500mm 的或矩形风管长边大于 2500mm 的。

2）洁净空调系统上部件较多（如高效过滤器等），在计算风管面积时可不扣除管件的长度，但必须扣除部件所占长度，否则风管面积偏多，显然造成偏多的原因是违反了工程量计算规则。

3）用手工计算的工程计价汇总表，通常在复核时先心算其尾数即末位（0、1、2、3、4、5、6、7、8、9）累加是否符合，若不对，则计算必然失准，需仔细校对，若符合，则复核时可只算一次，不必复算两次，这是计算机还未普遍用于工程计价前人工计算时通用的做法。

十五、质量控制

本章对房屋建筑安装工程施工质量控制的要点和方法做了简明的介绍，希望通过学习对安装工程质量控制的路径有所了解，能在施工作业中得到应用。

（一）技能简介

本节介绍施工项目部质量策划及其结果，并对施工员在质量管理方面的技能做原则要求，质量交底的组织亦作了说明，冀希通过学习能帮助提高质量控制能力。

1. 项目部施工质量策划

（1）中标后、开工前项目部首先要做的是编制实施的施工组织设计，而其核心是使进度、质量、成本和安全的各项指标能实现，关键是工程质量目标的实现，否则其他各项指标的实现就失去了基础。因而通过施工质量策划形成的施工质量计划等同于施工组织设计，有的认证管理机构明确表示施工企业的某个工程项目的质量计划便是该项目的施工组织设计。

（2）施工质量策划的结果

1）确定质量目标

目标要层层分解，落实到每个分项、每个工序，落实到每个部门、每个责任人，并明确目标的实施、检查、评价和考核办法。

2）建立管理组织机构

组织机构要符合承包合同的约定，并适合于本工程项目的实际需要，人员选配要重视发挥整体效应，有利于充分体现团队的能力。

3）制定项目部各级部门和人员的职责

职责要明确，工作流程清晰、避免交叉干扰。

4）编制施工组织设计或质量计划

形成书面文件，按企业管理制度规定流程申报审核，批准后实施。

5）在企业通过认证的质量管理体系的基础上结合本项目实际情况，分析质量控制程序文件等有关资料是否需要补充和完善。若需要补充完善则应按规定修正后报批，批准后才能执行。

2. 确定质量控制点的基础

（1）按掌握的基础知识，区分各专业的施工工艺流程。

（2）熟悉工艺技术规律，熟悉依次作业顺序，能区分可并行工作的作业活动。

(3) 能进行工序质量控制,明确控制的内容和重点,包括:

1) 严格遵守工艺规程或工艺技术标准,任何人必须严格执行。

2) 主动控制工序活动条件的质量,即对作业者、原材料、施工机械及工具、施工方法、施工环境等实施有效控制,确保每道工序质量的稳定。

3) 及时检验工序活动的效果,一旦发现有质量问题,即停止作业活动进行处理,直到符合要求。判定符合要求的标准是各专业的施工质量验收规范,规范必须是现行的有效版本。如因"四新"被采用而规范中未作描述,但在工程承包合同中有所反映,则应符合合同的约定。

3. 质量交底的组织

(1) 质量交底文件已编制,内容包括:采用的质量标准或规范,具体的工序质量要求(含检测的数据和观感质量),检测的方法,检测的仪器、仪表及其精度等级,检测时的环境条件。

(2) 质量交底可以与技术交底同时进行,施工员可邀请质量员共同参加对作业队组的质量交底工作。

(3) 通常在分项工程开工前进行质量交底,分项工程施工中如有重要工序或关键部位应组织作业前的专门质量交底。

(4) 交底形式可用组织作业队组全员参加,也可以对具体作业者进行交底,交底的手段可以多样化,如口头宣讲、书面文件、图示、动画、样板等,具体采用何种手段,视具体情况和需要而定。

(5) 注意质量交底的工作质量,要允许提问、答疑,以达到认识统一为目的。

(二) 案 例 分 析

本节以案例形式介绍房屋建筑安装工程中质量控制活动的情况,并进行分析与解答,希望通过学习,以提高专业技能。

1. 给水排水工程

(1) 案例一

1) 背景

A公司承建的某职业技术学院教学楼机电安装工程,该大楼共8层,每层东西两侧均有卫生间,在土建工程施工时,项目部派出电气和管道两个班组进行配合,考虑到每层楼面的电气导管埋设较多,故电气作业队组力量较强,经验也多,而管道作业队组的配合工作主要是卫生间管道(包括给水和排水工程)留洞埋设立管的套管及复核在建筑施工图上进水干管的留洞位置和尺寸,工作量相对较小,技术也不复杂,所安排的作业队组人数较少,由工作经历仅2年的班长带队,教学楼结顶后,安装工程全面展开。发现贯通8层楼面的卫生间立管的留洞不在一条垂直线上,虽经矫正修理,其垂直度允许偏差不能符合规范规定的要求。

2) 问题

① 给水排水立管留洞位置失准属于什么阶段的控制失效？

② 是什么因素影响了工程质量？

③ 这个质量问题属于什么性质？

3) 分析与解答

① 由于安装工程正式开工要在建筑物结顶后，所以安装与土建工程的配合尚处于施工准备阶段的后期。这时有的专业如电气工程已发生工作量，且有实物形象进度，但如给排水工程仅为留洞作业，不安排可穿插进行的某些部位的管道安装，只能认为其在做施工的准备工作，因而发生的质量缺陷可以看成事前阶段的质量控制失效。

② 从背景分析，负责给水排水工程留洞和复核工作的班长工作仅两年，经历经验不够多，也缺少有效的方法，所以说人的因素是影响质量的主要因素。当然也可能存在方法问题，例如将套管与楼板钢筋焊死后给以后的矫正工作带来较大的难度等。

③ 据施工质量验收规范 GB 50242 第 4.2 节指明，立管的垂直度允许偏差属于一般项目，超差不影响使用功能，仅影响观感质量，所以是一般质量问题，不必返工重做，但可以在施工中做一些补救措施。即力争每层立管保持垂直度允许偏差不超标，在每层楼板处做调整工作，钢管可以微弯曲，铸铁管在承插口处作调节。

(2) 案例二

1) 背景

B公司承建某五星级酒店的机电安装工程，正处于施工高峰期。项目部质量员加强了日常巡视检查工作，发现给水管竖井内的大规格管道的承重支架用抱箍坐落在横梁上构成，其构造不够合理。具体表现为抱箍用螺栓紧固后，紧固处两半抱箍间接触面无间隙，折弯的耳部无筋板，抱箍与管道贴合不实局部有缝隙。说明抱箍不是处于弹性状态，日后管道通水后重量加大，摩擦力不够，会使承重支架失去功能，管道因之而位移，导致发生事故。质量员要求作业班组整改重做。

2) 问题

① 给水立管承重支架被质量员发现构造不合理是什么阶段的质量控制失效？

② 造成整改的原因是什么因素影响了工程质量？

③ 质量员发现抱箍构造不合理，并用什么方法进行检查？

3) 分析与解答

① 质量员发现的管道承重支架有较大的质量缺陷是处于施工高峰期，应属于事中阶段的质量控制，也就是施工过程中的质量控制。

② 从背景可知承重支架抱箍因构造不合理而返工，影响质量的直接因素是材料或成品。但成品的构造不合理又归结为固定的方法不合理，因而影响因素有方法的一面。但这些都是人为的，所以影响因素离不开人的作用，因而有的文章认为，影响工程质量的因素主要是人。

③ 质量员发现抱箍构造不合理，其检查方法为目测法。但为验证构造不合理会导致抱箍功能失效的检查方法要用实测法。

2. 建筑电气工程

(1) 案例一

1) 背景

A公司承建一住宅楼群的机电安装工程,楼群坐落于一个大型公共地下车库上面。工程完工投入使用,情况良好,机电安装工程尤其是地下车库部分被行业协会授予样板工程称号,为省内外同行参观学习的场所。项目部负责人主要介绍了地下车库的施工经验,包括编制切实可行的施工组织设计、进行深化设计,对给水排水、消防、电气、智能化、通风等各专业的工程实体按施工图要求作统一布排安装位置和标高,严格材料采购,加强材料进场验收,所有作业人员上岗前进行业务培训,并到样板室观摩作业,采用先进仪器设备(如激光、红外准直仪)定位,合理安排与其他施工单位的衔接,加强成品保护,避免发生作业中对已安装好成品的污染或移位,施工员、质量员实行每天三次巡视作业,及时处理发现的质量问题,用静态试验和动态考核相结合的办法把好最终检验关等。这些做法获得参观者的认同和好评。

2) 问题

① 项目部负责人的介绍说明了对哪些影响工程质量的因素进行了控制?

② 项目部对工程质量的控制是否全面?

③ 从背景分析项目部质量策划达到了哪些目的?

3) 分析与解答

① 从背景可知,项目部负责人的经验介绍涉及人员培训、采用新仪器带动了新施工方法的应用,对材料采购和验收加强了管理,做好成品保护改善作业环境条件等,实行了人、机、料、法、环(4M1E)全方位的控制,从而使工程质量得到保证而成为样板工程。

② 项目部对工程质量控制各个阶段都有针对性的活动,自事前的编制施工组织设计(质量计划)、深化设计、人员上岗培训开始,到事中的材料遴选、管理人员加强巡视检查工程质量,最终把好检查验收关。说明项目部在事前、事中、事后三个阶段都对工程质量实行了有效控制。

③ 项目部的质量策划有效,在质量目标(成为样板工程)、组织结构和落实责任、编制具有可操作性的质量计划、完善质量管理体系等各方面都有明显的成果。

(2) 案例二

1) 背景

B公司承建的某大学图书楼机电安装工程,其电气工程馈电干线为桥架内敷设的电缆。电缆敷设前对桥架的安装进行全面检查,发现电缆桥架转弯处有个别部位的弯曲半径太小,不能满足电缆最小允许弯曲半径的需要,必须返工重做,改成弯曲弧度大的T形接头。为查明原因,项目部召开了专门会议,经查,设计单位因容量增大进行设计变更,馈电干线截面积增加两个等级,发出设计变更通知书,项目部资料员仅将设计变更通知书递送给材料员作变更的备料用,未按质量管理体系文件规定应注明材料员阅办后,迅速传递至施工员处,通知施工作业班组更换桥架弯头。时值进行桥架敷设安装,材料员未见注明附言,认为资料员将同样的设计变更通知书已告知施工员。直至电缆敷设前,施工员去电缆仓库领料，才发现馈电干线电缆已变更变大，于是导致了电缆敷设前对已分项验收的电缆桥架实行全面检查。

2) 问题

① 这是发生在什么阶段的质量失控事件？
② 是什么因素影响了工程质量？
③ 背景所述事件应怎样整改？

3) 分析与解答

① 施工过程发生设计变更信息传递中断而造成质量问题，应属事中质量控制失效。

② 如果从五个影响因素分析，表面看是人的因素起主导作用，即资料员的失职造成的。但背景中没有交代资料信息传递的控制性文件内容，于是也有可能控制性文件规定不够完善而导致信息传递受阻，这就可以引申为第二个影响因素是方法问题。

③ 针对的整改措施；第一是对资料员进行培训，以提高其业务能力和责任心；第二对项目部质量管理体系文件做评估，补充、修正和完善其不足的部分，促使质量保证体系运行正常，不留死角，避免再发生类似的质量事故。

3. 通风与空调工程

(1) 案例一

1) 背景

某市星级宾馆由 A 公司总承包承建，各专业分包单均纳入其质量管理体系，但未做经常性培训，也不作日常的运行检查。工程完工，正式开业迎客前，A 公司邀请若干名相关专家，协助 A 公司对工程质量及相关资料进行全面检查，准备整改后申报当地的工程质量奖项。经现场检查，屋面、客房、地下室机房等安装工程质量符合标准，大堂、墙地面均华丽质优，唯独专业配合施工的平顶上电气的灯具、通风的风口、消防的火灾探测器喷淋头、智能化的探头传感器等布置无序凌乱，破坏了建筑原有艺术风格，有必要进行返工重做，否则评奖会成问题。于是在查审相关资料时，专门查验了有关质量控制文件，发现平顶上设备安装要先放样，召集土建、安装、装修共同协调确认后，才能开孔留洞进行施工，而且明确说明这个控制点属于停止点。但查阅有关记录，无关于协调确认的记载。

2) 问题

① 酒店大堂平顶上安装施工失效属于什么阶段质量控制的失控？
② 虽然质量控制文件有规定，平顶上安装部件要协调确认，但实际上未执行，在技术上属于什么性质？
③ A 公司这次质量问题在管理上应汲取什么教训？

3) 分析与解答

① A 公司虽然事前阶段做了较多准备，编制了质量控制文件，要在酒店大堂施工前先协调确认，并定为停止点。但在施工过程中未得到认真执行，于是可以认为质量失控发生在事中阶段。

② 在技术上属于违反了工艺技术规律所导致的质量问题，只要按规定的顺序办理，就可以避免此类事故的发生。

③ A公司只是将质量管理体系文件发给各专业分承包公司要求执行，没有培训，也没有运行检查，违背了管理规律，即没有按计划、实施、检查、改进（P、D、C、A）循环原理实施有效控制，这是值得引以为戒的。

（2）案例二

1）背景

A公司承建某银行大楼的机电安装工程，其中通风空调机组的多台室外机安装在大楼的屋顶上。A公司项目部为了贯彻当地政府关于节能的有关规定，对室外机组的安装使用说明书认真阅读研究，特别是对其散热效果有影响的安装位置及与遮挡物间的距离做了记录，准备在图纸会审时核对。在地下室安装玻璃钢风管时为做好成品保护，防止土建喷浆污染风管，将风管用塑料薄膜粘贴覆盖，土建喷浆结束，撕去薄膜再补刷涂料。为了做好通风风量调试工作，编制了专项施工方案，在所有通风机及空调机的试运转过程中都如预期一样较顺利地完成。整个通风与空调工程被评为优良工程。

2）问题

① 重视节能效果，做好设备使用说明书的阅读，属于什么阶段的质量预控？

② 做好玻璃钢风管的成品保护，属于什么阶段的质量预控？

③ 做好通风空调工程的调试和试运转施工方案并实施是什么阶段的质量预控？

3）分析与解答

① 做好图纸会审的准备工作属于事前质量控制阶段，因事前质量控制的内容包括施工准备在内，而熟悉设备安装使用说明书是施工准备中技术准备工作的一部分，所以划为事前阶段的质量控制。

② 做好玻璃钢风管的成品保护工作发生在施工过程中，应属于事中质量控制的活动。因为风管系统在交工验收之前要补刷一道涂料或油漆，保持外观质量良好，如不作好风管成品保护，被喷浆污染，不仅补漆时工作量大，除污不净也会影响涂装质量。

③ 试车调试试运转进行动态考核是检验安装工程质量的最终重要手段。为确保调试试运转活动达到预期的效果，通常都应编制相应的调试方案，所以属于事后质量控制活动。

4. 其他工程

案例

1）背景

B公司在承建一学院办公楼的机电安装工程前，为了使工程中的消火栓安装和智能综合布线敷设能得到较好的质量评价，在员工上岗前进行了针对性的培训，要求认真学习两本施工质量验收规范，即《建筑给水排水及采暖工程施工质量验收规范》GB 50242—2002和《智能建筑工程质量验收规范》GB 50339—2003，最终考核为二个分项的质量控制点设置，命题如下。

2）问题

① 室内消火栓试射试验的位置在哪里？

② 箱式消火栓安装的控制点有哪些？

③ 综合布线线缆敷设的控制点有哪些?

3) 分析与解答

① 室内消火栓试射试验为检验工程的设计和安装是否取得预期的效果,选取的位置是在屋顶层(或水箱间内,在北方较多)一处,首层两处,共三处。屋顶层检验系统的压力和流量,即充实水柱是否达到规定长度,首层两处检验两股充实水柱同时达到本消火栓应到的最远点的能力,充实水柱一般取为10m。

② 室内消火栓一般装在消火栓箱内,消火栓箱是经消防认证的专用消防产品,箱内消火栓安装质量的控制点有:消火栓栓口的方向、与箱门轴的相对位置、栓口中心距地面的高度、阀门中心距箱侧面和距箱后内表面的距离。此外对箱体本身的垂直度也有控制要求。

③ 建筑智能化工程综合布线敷设的线缆是传递信号的路径,信号的量级小,因而敷设完成均要进行检查测试,以保畅通无阻。检测的内容包括:线缆的弯曲半径、线槽敷设、暗管敷设、线缆间的最小允许距离,建筑物内电缆、光缆及其导管与其他管线间距离,电缆和绞线的芯线终端接点,光纤连接的损耗值等。

十六、安全控制

本章以施工现场安全控制为中心阐明其方法和控制要点,并以案例形式进一步说明具体做法。希望通过学习,提高施工管理人员对现场的安全控制技能。

(一)技能简介

本节以安全防范原则和安全技术交底要点为主线,同时对危险作业的防护作出简明的介绍,说明安全控制的要求及目的,并以安全文件编制及安全交底的实施说明安全控制的全过程。

1. 安全防范的原则

在建设工程安全生产管理条例中可以体会到安全防范工作的五个基本原则,即:
(1) 安全第一、预防为主。
(2) 以人为本、维护作业人员合法权益。
(3) 实事求是。
(4) 现实性和前瞻性相结合。
(5) 权责一致。

2. 安全技术交底

建设工程安全生产管理条例第二十七条明确规定:建设工程施工前,施工单位负责项目管理的技术人员应当对有关安全施工的技术要求向施工作业班组、作业人员作出详细说明,并由双方签字确认。该条文给安全技术交底活动赋予法律依据,因而项目部必须认真执行。条文说明了谁交底、交什么内容,要履行什么手续,同时还明确了什么时候进行安全技术交底。

(1) 安全技术交底的主要内容
1) 施工平面布置方面
① 加工场地、施工机械等的位置要满足使用、维修的安全距离。
② 施工用电的线路设施、用电的施工机械,其安全防范配置符合安全要求。
③ 施工场地的坑、洞均应有防坠落伤人的安全设施,装有设备的地坑内有排水设施。
④ 施工现场有贮油、气的房间要有一定安全距离且符合相应规范、规程的规定。
⑤ 全场性的施工阶段的消防设施符合规定。
2) 高空作业方面
主要从防护着手,包括:

① 作业人员健康状况，无高血压带病作业、无酒后高空作业、无疲劳作业等。

② 防护用品状况，依据不同情况，个人配安全带、安全帽，设施有安全网、防护栏等。

3）机械使用

施工机械的防护装置要齐全、完好，有持证操作要求的施工机械，操作者必须持证上岗。

4）起重吊装作业

按条例规定大型吊装作业要有专门的安全技术措施方案，并经专家论证后方可实施。

5）动用明火作业

在易燃易爆场所动用明火作业的必须有专门的有针对性的消防设施，动火作业时有专人监护，动火作业场所的业主规定要办理动火证的，必须办好动火证后方可动火作业。

6）在密闭容器内作业

必须保持通风良好，防止作业人员窒息或中毒，使用的照明器具的电压应是安全电压，如因检修需要进入密闭容器内作业，应先对容器内气体进行分析，排除有害气体的情况下，才能进入作业。

7）管道的试压、冲洗

管道试压试漏有用气体试验的，必须先水压试验、后气压试验，冲洗时注意排放口的标识和设置警示标志，防止其他人员误入引起伤害，尤其是加压冲洗更应关注。

8）单机试运转

试运转要编制专门方案，明确分工，要有意外发生的防范措施和应急预案。

9）其他

主要指冬季防滑、防冻，夏季抗高温、防中暑，雨季防水浸等安全技术措施，"四新"的采用坚持先试验后应用原则，确保安全技术措施到位后才展开应用。

（2）安全技术交底的实施

1）工程项目开工前，由项目部技术负责人向全体员工进行交底，内容包括工程概况、施工方法、主要安全技术措施等。

2）分项、分部工程施工前，由施工员向所辖的作业队组进行安全技术交底。如有两个不同专业的作业队组交叉作业，则两个专业施工员要按进度要求联合进行安全技术交底。

3）作业队组长要向本队组员工结合作业情况进行安全交底。

4）安全技术交底活动要形成交底记录，记录要有参加交底活动的全部人员的签字，记录由项目部专职安全员整理归档。

5）交底人和专职安全员要对交底后的安全技术措施落实情况进行检查，发现不符合交底要求者要督促作业队组进行整改。

（3）施工过程中的安全检查

1）安全检查的方法可分为定期性、经常性、季节性、专业性、综合性和不定期的巡视等六种方法。

2）安全检查的内容是：查思想、查管理、查隐患、查整改和查事故处理。

3)安全检查的重点是违章指挥和违章作业。

4)安全检查应注意将互查与自查有机结合起来,坚持检查与整改相结合,关注建立安全生产档案资料的收集,贯彻落实责任是前提、强化管理是基础、以人为本是关键,常抓不懈为保证的原则。

5)安全检查中形成的检查报告要说明已达标的项目、未达标的项目、存在问题及其原因分析,提出纠正和预防措施。

3. 安全技术文件编制的资料

在安全技术交底的主要内容中所述九项是房屋建筑设备安装工程施工中经常见到的。以下几项的安全技术要求供编制安全技术交底文件时参考。

(1)脚手架的使用和维护

确保使用安全是脚手架工程中的首要问题,通常应考虑以下几个环节:

1)把好材料、用具和产品的质量关。加强对架设工具的管理和维护保养工作,避免使用质量不合格的架设工具和材料。

2)确保脚手架具有一定的稳定性和足够的坚固性。普通脚手架的构造应符合有关规程规定;特殊工程脚手架,如重荷载(同时作业超过两层等)脚手架、施工荷载显著偏于一侧的脚手架和高度超过15m的脚手架必须进行设计和计算。

3)认真处理脚手架地基。要确保地基有足够的承载力(高层和重荷脚手架应进行架子基础设计),避免脚手架发生局部悬空或沉降;脚手架应设置足够多的牢固连墙点,依靠建筑结构的整体刚度来加强和确保整片脚手架的稳定性。

4)严格控制使用荷载,确保有较大的安全储备:一般传统搭法的多立杆式脚手架其使用均布荷载不得超过$2648N/m^2$($270kg/m^2$);在脚手板上堆砖,只允许单行侧摆3层;对于桥式和吊、挂、挑等脚手架的控制荷载,则应适当降低,或通过试验和计算确定。由于脚手架使用荷载的变动性较大,因此建议的安全系数一般为3.0。

5)要有可靠的安全防护措施:作业层的外侧或临街面应设挡板、围栅或安全网;设置供上下人员使用(包括携带工具和少量物料)的安全扶梯、爬梯或斜道,斜道上应有可靠的防滑措施。严禁作业人员在脚手架上攀登或手持物件上下;在脚手架上同时进行多层作业的情况下,各作业层之间应设置可靠的防护栅栏,以防止上层坠物伤及下层作业人员;吊、挂式脚手架使用的排架、桥架、吊架、吊篮、钢丝绳和其他绳索,使用前要作荷载试验,必须满足规定的安全系数,升降设备必须有可靠的制动装置;钢脚手架、钢垂直运输架均应有可靠接地,雷雨季节高于四周建筑物的脚手架和垂直运输架应装设避雷装置。

6)严禁下列违章作业:利用脚手架吊运重物;作业人员在架子上相互抛掷工具和材料等;推手推车在架子上跑动;在脚手架上拉结吊装绳索;任意拆除脚手架部件和连墙杆件;在脚手架底部或近旁进行开挖沟槽影响脚手架地基稳定的施工作业;起吊构件碰撞或扯动脚手架;使用竹质材料和承插式钢管搭设单排脚手架;破坏正在使用的脚手架连墙点;非架子工搭设脚手架等。

7)6级以上大风、大雾、大雨和大雪天气应暂停在脚手架上作业。雨雪后上脚手架操作要有防滑措施。

8) 加强使用过程中的检查，发现立杆沉陷或悬空、连接松动、架子歪斜、杆件变形、脚手板上结冰等应立即处理。在上述问题没有解决之前严禁使用。

9) 由于冬闲或其他原因致使脚手架长时间不用、又不能拆除的脚手架，在重新使用前必须经有关部门和人员的检查，验收合格后，方可恢复使用。

(2) 临边、洞口作业安全防护

1) 临边作业防护

施工现场的任何场所，当工作面的边沿处无围护措施，使人与物有各种坠落可能的高处作业，属于临边作业；如果围护设施低于80cm时，近旁的作业也属于临边作业，如屋面边、楼板平台边、阳台边、基坑边等。临边作业的安全防护，主要是设置防护栏杆和其他围护措施，一般分为三类。

① 设置防护栏杆。地面基坑周边，无外脚手架的楼屋面周边，上料平台及建筑平台的周边，吊笼、施工用电梯、外脚手架等通向建筑物通道的两侧，以及水箱、烟囱、水塔周边等处，均应设置防护栏杆，防护栏杆高度应达1.2m，三道横栏。

② 架设安全网。高度超过3.2m的建（构）筑物的周边以及首层墙体超过3.2m时的二层楼面周边，当无外脚手架时，应在外围边沿架设一道安全平网。

③ 装设安全门。建筑物施工时用来做垂直运输的平台，楼层边沿接料等处，均应装设安全门或活动栏杆。

2) 洞口作业防护

建筑物或构筑物在施工过程中，常会因设备、管道敷设和工艺要求及施工需要出现预留洞口、通道口、上料口、楼梯口、电梯井口等，在其附近作业就称为洞口作业。凡深度在2m及2m以下的桩孔、人孔、沟槽与管道孔洞等边沿上的施工作业也属于洞口作业。一般规定：楼板、屋面、平台面等横向平面上，短边尺寸小于25cm的，以及墙体等竖向平面上高度小于75cm的口称为孔；横向平面上，短边尺寸等于或大于25cm的口，竖向平面上高度等于或大于75cm，宽度大于45cm的口称为洞。洞口的安全防护，根据不同类型，可采取下列方式：

① 各种楼板、墙的孔洞口，必须视具体情况分别设置牢固的盖板、防护栏杆、安全网或其他防坠落的防护设施。

② 各种预留洞口，桩孔上口，杯形、条形基础上口，未填上的坑槽以及人孔、天窗等处，均应设置稳固的盖板或用防止人、物坠落的小孔眼的钢丝网框等覆盖，条件许可时，可在盖板上方漆红白相间油漆或黄色警戒色。

③ 电梯井口必须设防护栏杆或固定栅门。

④ 没有安装踏步的楼梯口应同预留洞口一样覆盖。安装踏步后的楼梯，应设防护栏杆，或者安装永久楼梯扶手。

⑤ 各类通道口、上料口的上方，必须设置防护棚。

⑥ 施工现场内大的坑槽、陡坡等处，除需设置防护设施与安全标志外，夜间还应设红灯示警。

⑦ 位于车辆行驶通道旁的洞口、深沟以及管道的沟、槽等，除盖板需固定外，盖板

应能承受不小于卡车后轮有效承载力 2 倍的荷载能力。

(3) 起重指挥、司索作业安全防护

1) 对起重工作的一般安全要求

《起重机械安全规程》中规定：

① 指挥信号应明确，并符合规定。

② 吊挂时，吊挂绳之间的夹角应小于 120°，以免挂绳受力过大。

③ 绳、链所经过的棱角处应加衬垫。

④ 指挥物体翻转时，应使其重心平稳变化，不应产生指挥意图之外的动作。

⑤ 进入悬吊重物下方时，应先与司机联系并设置支承装置。

⑥ 多人绑挂时，应由一人负责指挥。

2) 指挥人员的职责及要求

① 指挥人员应按照 GB 5082 的规定进行指挥。如采用对讲机指挥作业时，必须设定专用频道。

② 指挥人员发出的指挥信号必须清晰、准确。

③ 指挥人员应站在使操作人员能看清指挥信号的安全位置上；当跟随负载进行指挥时，应随时指挥负载避开人和障碍物。

④ 指挥人员不能同时看清操作人员和负载时，必须设中间指挥人员逐级传递信号，当发现错传信号时，应立即发出停止信号。

⑤ 负载降落前，指挥人员必须确认降落区域安全后，方可发出降落信号。

⑥ 当多人绑挂同一负载时，应作好呼唤应答，确认绑挂无误后，方可由指挥人员负责指挥起吊。

⑦ 用两台起重机吊运同一负载时，指挥人员应双手分别指挥各台起重机以确保协调。

⑧ 在开始起吊时，应先用微动信号指挥，待负载离开地面 10cm～20cm 并稳定后，再用正常速度指挥。在负载最后降落就位时，也应使用微动信号指挥。

3) 起重设备安全操作应注意事项

① 起重设备属特种设备，必须持证操作，操作时精力要集中。

② 工作前要进行空载试验，检查各部位有无缺陷，安全装置是否灵敏可靠。

③ 运行时应先鸣信号，禁止吊物从人头上驶过。

④ 吊运接近额定负荷重物时，应先进行试吊，以检查制动机构是否可靠。

⑤ 当吊车发生危险时，无论何人发出紧急停车信号均应停车。

⑥ 工作中必须执行和遵守"十不吊"。

⑦ 当吊运重物降落到最低位置时，卷筒上所存在钢丝绳不得少于两圈。

⑧ 吊车停止使用时，不准悬挂重物。将重物卸下后，将吊钩升到适当高度，控制手柄到零位切断电源。

⑨ 在轨道上露天作业的起重机，工作结束应将起重机锚定住。当风力大于 6 级时，应停止工作。

⑩ 司机不得利用极限位置限制器停车，不得在有载荷时调整起升、变幅机构的制动器。

⑪ 起重机工作时，臂架、吊具、辅具、钢丝绳及重物等与输电线路最小距离，应符合与线路电压的相关规定。

⑫ 起重机工作时，不得进行检修。检修保养应切断主电源，并挂上标志或加锁。

4）使用钢丝绳注意事项

① 使用新钢丝绳，首先要考虑是否符合工作要求，并查看是否有合格证，检查外观质量。

② 开成卷的钢丝时，必须慢慢拉开，使钢丝绳不致形成绳环和打结。

③ 用钢丝绳捆绑有棱角的物件时，应在棱角处垫木块、麻袋等物，以免损伤钢丝绳。

④ 使用钢丝绳时不得超载或突然受力。起升降重物时应缓慢、平稳，避免钢丝绳跳动。

⑤ 切断钢丝绳前，要在切口处两端先用软铁丝或卡子扎牢，防止钢丝松散。

⑥ 钢丝绳应存放在干燥、通风良好的库房内，成卷排列，不可重叠堆放，并应加垫木、涂油及遮盖，防止受潮。

(4) 施工用电安全防护

1）用电安全

① 施工用电主要参见《建筑工程施工现场供电安全规范》GB 50194—93、《施工现场临时用电安全规范》JGJ 46—2005、《建筑施工安全检查标准》JGJ 59—99 和《建筑电气设计手册》。

② 电工必须持证上岗，随身携带，以便检查。

③ 用电设施要定期检查，并作好记录。

④ 不得在高低压线路下方搭设作业棚、建造生活设施、堆放建筑材料等。

⑤ 脚手架与外电架空线路必须保持安全操作距离，见表 9-1。

脚手架与外电架空线路的边线之间最小安全操作距离　　　　　　表 9-1

外电线路电压	1kV 以下	1～10kV	35～110kV	154～220kV	330～500kV
最小安全操作距离（m）	4	6	8	10	15

⑥ 室外线路用绝缘电线沿墙或架设在专用电线杆上，固定在绝缘子上，严禁架设在脚手架上。

⑦ 过道电线可采用套管埋地，并作标记。

⑧ 配电箱、开关箱中导线的进出应设在箱体的下底面，并有防水弯。严禁设在箱体的上顶面、侧面、后面或箱门处。

⑨ 熔断丝严禁用铜丝或其他金属丝代替使用（包括电闸）。

⑩ 配电装置和电动机械相连接的 PE 线应为截面不小于 $2.5\ mm^2$ 的绝缘多股铜线。手持式电动工具的 PE 线应为截面不小于 $1.5 mm^2$ 的绝缘多股铜线。

⑪ PE 线上严禁装设开关或熔断器，严禁通过工作电流，且严禁断线。

⑫ 接地体可用 50×5 角钢或 φ50 钢管，长度为 2.5m，不得使用螺纹钢。每组二根接地体之间距离不小于 2.5m，埋地深度不小于 0.6m，接地电阻值满足规定要求。

⑬ 发电机组电源应与外电线路电源连锁，严禁并列运行。

⑭ 发电机组并列运行时，必须装设同期装置，并在机组同步运行后再向负载供电。

⑮ 发电机组应采用三相四线制中性点直接接地系统，并须独立设置，其接地电阻值不得大于 4Ω。发电机控制屏宜装设交流电压表、交流电流表、有功功率表、电度表、功率因素表、频率表和直流电流表。

⑯ 发电机组应设置短路保护和过负荷保护。

⑰ 柴油发电机周围 4m 内不得使用火炉和喷灯，不得存放易燃物。

⑰ 发电站内应设可在带电场所使用的消防设施，并应设在便于取用的地方。

2) 设施的维护

① 所有配电箱均应标明其名称、用途，并作出分路标记。

② 所有配电箱门应配锁，配电箱和开关箱应由专人负责。

③ 所有配电箱和开关箱应每月进行检查和维修一次。检查和维修人员必须是专业电工。检查、维修时必须按规定穿、戴绝缘鞋、手套，必须使用电工绝缘工具。

④ 临时用电工程定期检查应按分部、分项工程进行，对安全隐患必须及时处理，并应履行复查验收手续。定期检查时，应复查接地电阻值和绝缘电阻值。

⑤ 对配电箱、开关箱进行检查和维修时，必须将其一级相应的电源开关分闸断电，并应挂接地线，应悬挂"禁止合闸、有人工作"停电标志牌。停、送电必须由专人负责。

⑥ 所有配电箱和开关箱在使用过程中必须按照下述操作顺序：

A. 送电操作顺序为：总配电箱——分配电箱——开关箱；

B. 停电操作顺序为：开关箱——分配电箱——总配电箱（出现电气故障的紧急情况除外）。

⑦ 施工现场停止作业一小时以上时，应将动力开关箱断电上锁。

⑧ 配电箱、开关箱内不得放置任何杂物，并应经常保持整洁。

⑨ 配电箱、开关箱内不得挂接其他临时用电设备。

⑩ 熔断器的熔体更换时，严禁用不符合原规格的熔体代替。

⑪ 配电箱、开关箱的进线和出线不得承受外力。严禁与金属尖锐断口和强腐蚀介质接触。

(5) 高处作业的防护

1) 技术管理制度

① 工程开工前，对施工图纸百分之百地进行会审。

② 编制针对性的施工安全技术措施，并执行严格的审批制度。

③ 对施工作业人员百分之百地进行安全交底。交底人必须履行在交底书上签字的手续。

2) 作业人员要求

① 高处作业人员要进行身体检查（开工前的检查、定期检查等），凡患有精神疾病、癫痫病、高血压、心脏病、视力和听觉严重障碍、不宜从事高处作业的人员，一律不准从事高处作业。凡发现班前喝酒、思想情绪波动较大、精神不振的人员，严禁高处作业。

② 高处作业人员应着工作服，衣袖裤脚应扎紧；穿软底鞋（布底或胶底鞋），不得穿硬底或打铁掌的鞋。

③ 高处作业人员必须扎好安全带，必要时应使用速差自控器，并挂在牢固的上方结构上，其高度不得低于腰部。安全带和自控器使用前应进行检查，确认完整无损后方可使用。

④ 高处作业人员应佩带工具袋，个人手持工具应系防坠保险绳。工具、器具及其他小型材料不准乱放或乱掷，传递时要手接手传递或用保险绳传递。

⑤ 高处作业人员在施工中，必须控制和保持自身平衡，对于可能发生的外力和自身用力过度造成的危险均有预防和控制措施。

⑥ 高处作业人员必须集中精力施工，必须严格按操作规程作业。同岗位和岗位相关的作业人员，要互相关照，互相提醒，共同控制每道工序中的动态危险。

⑦ 在寒冷季节高处作业时，应做好防寒、防冻、防滑措施。作业人员应配备御寒劳动防护用品。雪后应及时扫除脚手架、走道（斜道）板上的积雪，并用木屑、草垫铺好。

3）作业环境条件要求

① 高处作业前应检查脚手架、踏脚板、临时爬梯是否安全可靠，吊装机械的制动、安全装置是否齐全灵敏。

② 高处作业场所周围的沟道、孔洞等固定盖板应盖牢或设置围栏。

③ 吊装施工危险区域应设围栏和警告牌，禁止行人、车辆通过或在起吊物下停留，必要时设专人监护。

④ 高处作业地点和各层平台、走道不应堆放过多的物料，施工用料应随用随吊，用后及时清理。

⑤ 夜间高处作业和吊装作业必须配备有足够的照明。

⑥ 高处作业操作地点的跳板、栏杆和其他安全设备未完善前，人员不得上去施工。施工中出现缺陷时应整改可靠后，方可重新使用。

⑦ 高处作业时，点焊的构件不得移动。切割的工件应放置在牢靠的地点或用铁线绑牢固定，同时要有防止已割下的边角余料或废料坠落的可靠措施。

⑧ 上、下层的工序应尽量错开进行，避免垂直方向同时作业。确实无法克服时，应装设防护隔板、安全网或其他隔离设施。

⑨ 遇有6级以上大风、大雪、大雾及雷暴雨等恶劣天气时，应停止露天作业，并做好吊装构件和吊装机械的加固工作。

⑩ 狂风暴雨过后，应组织有关人员对脚手架、扶梯、栏杆、缆风绳等所有防护设施进行全面检查。发现有倾斜、变形、松动等现象，必须及时修整、加固，经复查验收后，方可重新使用。

（6）金属容器内电焊作业的防护

1）应加强金属容器内作业前和过程中的通风。必要时，用压缩空气或其他方法进行气体置换。

2）打开水压试验后的金属容器空气门前，应确认无负压。

3）试运行期间金属容器内进行抢修作业前，应采取强迫通风办法，使内部温度不超过40℃，但严禁用氧气作为通风的风源。

4）进入金属容器内作业前应办理安全施工作业票。

5) 金属容器应有可靠的接地。

6) 照明电压应为安全电压；漏电保护器和控制箱等应放在容器外面。

7) 进行焊接作业时，二次回路应设切断开关。

8) 作业人员进入金属容器前应由监护人进行安全措施确认，按要求落实安全措施后，方准进入容器内作业。

9) 作业人员所穿工作服、鞋、帽等必须干燥，脚下应垫绝缘垫；不得在容器内同时进行电焊、气焊、气割作业。

10) 作业人员进入容器时，外部应有人监护，且应有内外联系方法，如绳子等；在封闭容器内施工时，施工人员应系安全绳，绳的一端交由容器外的监护人拉住，随时保持联系。

11) 工作间歇或工作完毕后，应及时将所带工器具从容器内撤出。

（7）易燃场所动火作业防护

1) 现场严禁吸烟。

2) 在易燃易爆区域动火，必须严格执行"动火证"、"动火工作票"制度。

3) 库房的建设与管理要严格执行库房防火的有关规定。

4) 严格执行易燃易爆物品的领用和现场使用管理规定。

5) 现场消防器材、用品要按需配齐，经常检查，以保证紧急情况下使用的可靠性和有效性。消防器材、用具应放在明显易取处，严禁挪作他用。

6) 对生产、生活临建内取暖设施的使用安全应有明确的规定。

7) 及时清理施工中的一切"火种"，凡施工动火作业（包括电焊施工等），完工后必须检查周围是否存在未熄灭的明火或其他火种。

8) 禁止在办公室、宿舍存放易燃易爆物品。

9) 挥发性易燃材料禁止放在敞口容器内；闪点在45℃的桶装液体不得露天存放。

10) 贮存易燃易爆液体和气体的保管人员禁止穿合成纤维等容易产生静电的材料制成的服装。

11) 凡进入易燃易爆场所的机动车辆的排气管应装防火罩。

（8）电焊作业的安全防护

1) 参加焊接、切割作业人员，应取得合法的特殊工种工作合格证，方可上岗。

2) 焊接作业前必须认真检查周围环境，发现附近有易燃易爆物品或其他危及安全的情况时，必须及时采取相应的防护措施。

3) 在带有压力的容器和管道、运行中的转动机械及带电设备上，严禁进行焊接作业。

4) 不得在储存汽油、煤油、挥发性油脂等易燃易爆物的容器上焊接作业。

5) 不准直接在木板、木地板上进行焊接。严禁用火焊开启装有易燃材料的包装箱。

6) 焊完焊件应将火熄灭，待焊件冷却，并确认无焦味、烟气后，方能离开。

7) 在管道、井下、地坑、深沟及其他狭窄地点进行焊接作业，必须事先检查其内部是否有易燃易爆物，必须在消除隐患后，才准进行焊接作业。

8) 对任何受压容器不允许在其内部气压大于大气压力的情况下焊修。用电焊修理锅炉、储气筒及其管路时，必须将其内部的蒸汽、压缩空气等全部排尽。

9) 经常检查电焊机以及焊机电缆的绝缘是否良好，绝缘损坏应及时修复。

10) 电焊接地线不可乱接乱拉。

11) 必须采用电焊工艺修理盛装过液体燃料的容器时，容器首先要经过仔细地刷洗和擦拭，彻底清除内部的残余燃料，清除残余燃料的方法有以下几种：

① 对一般燃料容器，可用磷酸钠的水溶液仔细清洗，清洗时间约15~20分钟；

② 清洗装过不溶于碱的矿物油容器时，1升水溶液中加2~3克的水玻璃或肥皂；

③ 汽油容器的清洗是用蒸汽吹刷，吹刷时间一般为2~24小时，根据容器大小决定。如不便于清洗，可在容器内装满水，敞开上口。

12) 焊接作业人员的个人防护

① 焊接作业人员应穿白色工作服，戴防护面罩和其他绝缘用品。

② 在金属容器内作业时，应有良好的通风。

③ 施工人员不得进食和吸烟，养成良好的个人卫生习惯。

④ 焊接作业人员应按规定进行体检，发现身体不适者或经接触评定认为应脱离焊接作业者应调离原岗位。

⑤ 发现尘肺可疑病例等异常患者，应按规定进行跟踪观察和必要的康复治疗。

(9) 油漆作业的防护

1) 防火

① 油漆涂装作业现场禁止明火。

② 油漆涂装作业现场应清除除油漆涂料外的其他各类易燃材料。

③ 稀释剂及其他各类易挥发的有机溶剂必须加盖密封。

④ 作业场所应保持良好的通风，冬天作业时应处理好取暖与通风的关系，严禁用明火取暖。

⑤ 作业场所油漆涂料存放量一般不超过2天使用量，不得过多存放。

⑥ 有交叉作业时，应保证与其他产生粉尘、明火的作业可靠隔离。

⑦ 现场应按规定配备相应的灭火器材。

2) 防毒

① 油漆作业时，应通风良好，戴好防护口罩及有关用品。

② 患有皮肤过敏、眼结膜炎及对油漆过敏者不得从事该项作业。

③ 油漆作业应在在工作中考虑适当的工间休息。

④ 室内配料及施工应通风良好且站在上风头。

⑤ 严禁在施工中进食和吸烟。

⑥ 不得将在油漆施工中或刚完工的室内作为宿舍使用。

⑦ 各种有毒物品应专人负责，专柜分类保管，保管人员应熟悉各种物品性能，严格保管及领用制度。

⑧ 油漆作业人员应按规定进行体检，发现身体不适者或经接触评定认为应脱离油漆作业者应调离原岗位。

(10) 保温作业的防护

1) 严格贯彻《中华人民共和国职业病防治法》和《中华人民共和国尘肺防治条例》

的要求，施工企业应该加强粉尘作业的宣传教育，建立防尘设施维护制度，定期检查防尘工作。

2) 作业场所应有效通风，尽量减低作业地点的粉尘浓度。

3) 保温作业人员应佩戴防尘口罩，应扎紧衣领、衣袖。

4) 作业人员应接受就业前和定期健康检查，定期体检并建立档案，发现问题及时治疗。

5) 不在车间进食、吸烟，饭前洗手，工作后换工作服、淋浴等。

6) 合理的营养，劳逸结合、增强体质也有利于预防尘肺病。

（二）案例分析

本节以案例形式对安全控制的方法作具体的分析说明，通过学习使在该方面的专业技能有所提高，并能在实际工作中参考应用。

1. 给水排水工程

（1）案例一

1) 背景

A公司承建某大型住宅小区的机电安装工程，其中有大型给水泵房及其供水管网的安装。供水干管直径大、埋设深，该分项工程开工前，项目部施工员编写了安全交底文件，向作业班组全体人员交底。由于施工时值多雨季节，故交底主要突出了防止管沟塌方伤人，管道漂浮损坏，试压时盲板弯头处要阻挡有效三个方面，同时要求下管的吊机站位要可靠。

2) 问题

① 为什么要加强监护管沟塌方和管道漂浮？

② 试压时盲板和弯头处为什么要做挡墩等阻挡物？

③ 临管沟边的下管吊机站位要注意什么安全事项？

3) 分析与解答

① 由于管径大、埋设深，施工又在多雨季节，虽然管沟开挖按规定计算放坡，但下雨浸泡后，土壤会不稳定，加上管沟两侧有堆土，因而要加强监护，及时检查，防止塌方伤及沟内的作业人员。沟内安装的管道为防止管内有污泥石块侵入造成以后的冲洗清扫困难，所以下班前通常要临时封堵管口。但是下雨后，管沟内积水，对管子产生浮力，会使大口径管道有上浮趋向或受浮力作用，而浮力并不是沿管线都均匀，这就导致管道接口处受力而损坏接口的严密性。为了工程实体安全，要采取防护措施（挖明渠排水或配备水泵排水），这是室外管道施工必须注意的两类安全防范事项。

② 管道安装要用比工作压力大一定倍数的试验压力做强度试验，盲板和弯头处受到较大的推力，易使管道移位，所以加以阻挡，抵抗推力的作用，以确保试压工作顺利进行和工程实体的安全。

③ 大口径管道（铸铁管）下管进入管沟，通常用专门的下管机，站立于管沟边，也有用通用的吊机。其除了有标明的吊装能力曲线外（即吊装作业要符合性能曲线的要求），

还有一个是吊机站位处的地耐力要符合要求，否则吊装作业时可能使吊机发生倾覆。因而临管沟边进行吊管作业要先进行试吊，观察管沟的土壤情况是否正常，只有情况正常才能开始连续的正常作业，作业中同样要加强监护。

(2) 案例二

1) 背景

B公司承担某污水泵站扩建工程的机电安装工程，其中在污水收集坑内进行新老系统的切换连接是关键的工作。为此B公司项目部施工员编制了作业指导书，对安全技术措施作出了安排并向在坑内作业的管工、电焊工、起重吊装工作了交底，主要内容为坑内通风排放要达标，是可以动火的条件，以及向坑内运送大型闸阀等设备的注意事项。

2) 问题

① 为什么进入污水集水坑内作业前要通风排放达标？

② 电焊作业前的环境条件是怎样的？

③ 吊运大型重型物件应注意什么事项？

3) 分析与解答

① 污水泵站集水坑内会集中由污水分解过程中产生的有害气体，如甲烷、硫化氢、一氧化碳、二氧化碳等，若不给以通风排放，其浓度足以使人窒息死亡，这是在媒体报道中屡见不鲜的。所以通风一段时间后要采样分析，判定其含量不足以危害人体健康后，才能进入坑内作业。

② 甲烷、一氧化碳等气体是易燃易爆气体，电焊作业是明火作业，所以作业周边不能有可燃物质，更不能有爆炸极限范围内的可爆炸气体，这是在施工现场进行电焊或气割作业时必须引起高度关注的。在高空作业时还要采取防范措施，防止电焊火花或气割的金属灼热块状物下落而引起火灾。通常在作业处下部垫有薄钢板等向下溅落的阻挡物，如危险性较大，还应配有专人监护并备有贮水的水桶以及采用围挡物防止横向溅落。

③ 向集水坑内吊运材料或施工机械，通常在吊运物资的吊装口上端设置临时的吊装装置，如设立人字桅杆或吊装用桁架等。按有关规定，设置好后要经安全验收才能使用，吊装前要经试吊合格，确认无安全隐患，吊装口四周设不低于1.2m的围栏，有可能的话围栏底部有挡板，防止物体坠入集水坑伤及在内的作业人员。

2. 建筑电气工程

(1) 案例一

1) 背景

A公司承建某江滨公园亮化工程的机电安装工程，在假山区有众多的庭院路灯和景观照明灯具安装。时值夏季，天气炎热，采用避高温早晚作业。由于施工用临时电缆在岩石上经常拖曳，为防止破损漏电伤人，项目部专门制定了安全警示标牌提醒作业人员，同时要求电焊工严格遵守安全操作规程，不准赤膊裸露，还对施工用末级配电箱设置位置作出了规定，为此施工员对作业班组人员作了明确的安全技术交底。

2) 问题

① 施工员为什么不准电焊工有裸露工作的行为？

② 户外施工用移动电缆应怎样选用？
③ 怎样选择施工用末级配电箱的位置？
3）分析与解答

① 天气炎热，作业中必然遍体出汗，人体的接触电阻降低。电焊工作业时，焊接时电弧电压在 20～30V 间，人接触焊把，电压在安全范围内，不会因此触电受伤害。但如果换焊条时，把线对地电压在 75V 左右，如果不用电焊手套，光手加电焊条，身体有裸露部分接触其他接地导体，流过身体的电流因人体电阻降低而增大，也会造成涉及生命的安全事故，在过去电焊工伤亡事故中时有发生，值得警惕。

② 施工用移动电缆不能用普通软绞线替代，因其机械抗拉强度、绝缘表面耐磨性能都不符规定要求，所以施工用移动电缆要查阅电缆手册的说明，选择合适的使用，不能有侥幸心理进行替代。

③ 施工用室外配电箱首先是能防雨、防溅密封良好，园林内地势有起伏，其位置应选择在高处，要观察周围环境，不能因雨水积潴而淹没配电箱；其次再考虑是否便于电源引入和方便维修等因素，要把安全使用放在首位。

(2) 案例二
1）背景

某公司接集团总部指令，组建一支由专业施工员带队的电气作业队，去灾区抢修 10kV 以下的架空输电线路。队伍出发前，由 A 公司技术、安全部门负责组织作业前的动员和培训，除公司领导作动员报告外，技术部门负责人做任务交底和方案交底，安全部门负责人及专业施工员做了作业安全技术交底，同时安排全体作业人员做身体健康检查，排除不合格者，还对电工登高作业用具及施工机械按规定做试验检查，确保抢修人员技术素质和机具完好程度都处于良好的准备状态。专业施工员特别对立杆、紧线的安全技术要求进行了讲解。由于准备充分、安全措施到位，即使在非常规状态下施工，还是顺利完成了任务。

2）问题
① 为什么出发前要进行员工的体检工作？
② 哪些施工器具、工具要在使用前做安全检验？
③ 立杆、紧线两个施工工序要注什么安全事项？

3）分析与解答

① 架空输电线路施工，虽然施工机械装备良好，采用机械化施工，但是仍然免不了要有局部的人工登高作业。即使是采用登高车，有的人有恐高症，仍不合适做该项工作，因而作业人员要做体检，对有高血压、心脏病者及恐高症者实施排除。

② 个人登高用的装备、三脚板、保险皮带等都要做定期安全检验。通电检查用的绝缘棒、绝缘手套、绝缘鞋、绝缘毯等也要定期做绝缘试验。施工用的紧线器等受力工具使用前要做承力试验以鉴别性能是否良好。所有使用的测量仪器、仪表要在检定周期的有效期内。通过检测试验，排除不合格的工器具使用，以确保施工质量和施工安全。

③ 立杆要注意杆坑深度是否符合要求，填土是否夯实，杆的稳定用绳索是否绑扎可靠，焙土要形成凸台，机械立杆不要站在竖立中电杆的下方，立杆作业要设立警戒区标志，有专人监护，防止其他人员闯入。紧线施工前要对相关拉线进行预紧，使用完好的紧

线器，防止滑脱伤人，作业者要注意站位使方便操作，工具、材料的上下传递要使用工具袋和绳索，不得上下抛掷。两人同杆登高作业要配合良好，使用的扳手等手工工具不能因动作失误而击伤他人。

3. 通风与空调工程

(1) 案例一

1) 背景

A 公司的铁皮风管加工厂有一油漆车间，车间主要对黑铁皮风管及部件进行喷涂刷漆。为了保护员工免受职业病危害，公司安全管理部门在春末夏初组织工会、技术等相关部门人员对油漆车间的安全管理措施落实情况进行检查，发现如下情况：①油漆仓库的消防设施不符合要求；②油漆作业的防护有缺陷；③出了一个试题"人的中毒症状有哪些"，回答齐全的人基本没有。为此检查组认为要加强安全意识、安全知识教育，切实进行整改。

2) 问题

① 油漆仓库的消防设施应怎样管理？

② 油漆作业的安全防护有哪些？

③ 在油漆作业中如有人中毒，其症状是怎样的？

3) 分析与解答

① 油漆及其溶剂很多是易燃易爆危险物品，因而其贮存的仓库要配有消防设施，管好消防设施，才能确保其有效的功能。通常要做到消防器材、消防用品按需要配齐，经常检查并有检查记录，确保其可靠性和有效性，消防器材和用品应放在明显易取处，标志清晰，消防斧和水桶等严禁挪作他用。

② 油漆作业的防护主要是对人和工作环境的防护，主要有以下几个方面：

A. 油漆作业时，应通风良好，戴好防护口罩及有关用品。

B. 患有皮肤过敏、眼结膜炎及对油漆过敏者不得从事该项作业。

C. 油漆作业应在工作中考虑适当的工间休息。

D. 室内配料及施工应通风良好且站在上风头。

E. 严禁在施工中进食和吸烟。

F. 不得将在油漆施工中或刚完工的室内作为宿舍用。

G. 各种有毒物品应专人负责，专柜分类保管。保管人员应熟悉各种物品性能，严格保管及领用制度。

H. 油漆作业人员应按规定进行体检，发现身体不适者或经接触评定认为应脱离油漆作业者应调离原岗位。

③ 人体中毒后，会表现出各种不同症状，主要有：恶心、呕吐、泻肚、脉搏异常、呼吸困难、皮肤色泽或知觉出现异常、动作异常、嗜睡、有痉挛、有错觉或幻觉现象、眼红肿发炎以及体温变化异常等现象。

(2) 案例二

1) 背景

某体育中心为迎接大型比赛，对体育场馆进行技术改造。B 公司承担主体育馆的机电安装工程拆除和新装，其中体育馆顶部的多条通风管道要改成环保型新材料制成的产品，所有灯具和照明线路均需更换，且通风工程与照明工程两者不在同一个高度的平面上。为此，B公司项目部研究决定采用搭设局部脚手架进行施工。鉴于工期较紧，要求通风专业队和电气专业队间进行立体交叉作业，并责成项目部施工员和安全员加强巡视检查，确保施工安全。

2）问题

① 脚手架搭设完成，进行检查验收合格后才能使用，检查验收的主要内容是什么？

② 因为有工程拆除，施工员对脚手架使用安全的交底除常规外，应突出什么？

③ 关于立体交叉作业施工员应怎样进行安全技术交底？

3）分析与解答

① 脚手架检查的主要内容有：

A. 脚手架搭设是否符合施工部位的要求，架身是否符合图纸要求。

B. 脚手架使用的材料是否符合规定。

C. 落地处（架子的基础）是否稳固。

D. 与建筑物连接点是否可靠，各种剪刀撑和斜撑的支撑是否符合要求。

E. 脚手板的铺设是否绑扎固定、不松动。

F. 是否有可靠的供人员上下的梯子或斜道，护栏等是否齐全。

② 因为有拆除工作，拆下后必然要在脚手架上临时放置后再运走，所以施工员特别提醒作业队组，拆下的风管部件每次不得超过脚手架的承载能力，所以对拆卸的段或点要作重量大小的评估。现行规定脚手架使用的均布荷载不得超过 $2648N/m^2$（$270kg/m^2$）。

③ 施工员安全技术交底主要内容为：

A. 两个专业队要沟通，在工序安排上使同一立体空间、同一时间的作业降至最低。

B. 尽量减少同一垂直面上的作业，无法避免应搭设可靠、牢固、有效的安全防护层或隔离设施。

C. 所有小型工具和材料用工具袋传递，使用手锤作业时要用安全绳拴在固定的构件上。

D. 立体交叉作业更应坚持文明施工，及时清除施工的垃圾和废料，保持良好的工作环境。

E. 互相协调做好自身和他人的成品保护。

十七、施 工 记 录

本章对房屋建筑安装工程中施工记录的作用、形成和质量及归档要求作简明介绍，通过学习可以提高记录的准确性和及时性，切实做到与工程同步。

（一）技 能 简 介

本节对施工记录与规范的关系和记录的分类，以及归档资料的质量等作出介绍，希望通过学习，能进一步明确施工记录在整个工程建设和使用中的作用。

1. 技能分析

（1）施工记录的作用

1）施工记录是工程建设项目在施工阶段各项重要活动及其结果的各种信息记录。

2）施工记录反映了工程实体的真实情况，是工程使用维护和改造扩建的重要基础资料。

3）施工记录是工程验收的必备资料之一，也是评定工程质量的依据。

4）施工记录真实记有设计变更的部分，是为竣工结算审核的依据，有着不可替代的经济方面的作用。

5）施工记录存有各种试验检验的数据和责任人员的确认意见，是厘清责任的佐证。

（2）施工记录的类别

电气、给水排水、消防、采暖、通风、空调、燃气、建筑智能化、电梯工程等的施工记录如表17-1所示。

施工记录　　　　　　　　　　　　　表 17-1

1		一般施工记录
	①	施工组织设计
	②	技术交底
	③	施工日志
2		图纸变更记录
	①	图纸会审
	②	设计变更
	③	工程洽商
3		设备、产品质量检查、安装记录
	①	设备、产品质量合格证、质量保证书
	②	设备装箱单、商检证明和说明书、开箱报告
	③	设备安装记录
	④	设备试运行记录
	⑤	设备明细表

续表

4	预检记录
5	隐蔽工程检查记录
6	施工试验记录
①	电气接地电阻、绝缘电阻、综合布线、有线电视末端等测试记录
②	楼宇自控、监视、安装、视听、电话等系统调试记录
③	变配电设备安装、检查、通电、满负荷测试记录
④	给水排水、消防、采暖、通风、空调、燃气等管道强度、严密性、灌水、通水、吹洗、漏风、试压、通球、阀门等试验记录
⑤	电气照明、动力、给水排水、消防、采暖、通风、空调、燃气等系统调试、试运行记录
⑥	电梯接地电阻、绝缘电阻测试记录,空载、半载、满载、超载试运行记录,平衡、运速、噪声调整试验报告
7	质量事故处理记录
8	工程质量检验记录
①	检验批质量验收记录
②	分项工程质量验收记录
③	分部（子分部）工程质量验收记录

（3）施工记录内容的质量要求

主要有符合性、真实性、准确性、及时性、规范化等。

1) 符合性

施工记录要符合规范要求、现场实际情况、专业部位要求。施工记录间的时间顺序、制约条件和有机联系要相符；安装工程与土建工程之间的交叉配合要相符；总包与分包之间的记录要相符；内容与目录要相符等。

2) 真实性

施工记录的整理应该实事求是、客观准确，不要为了"偷工减料或省工省料"而隐瞒真相；也不要为"取得较高的质量等级"而歪曲事实。

3) 准确性

施工记录的准确性取决于人们的日常工作态度。如：各类表格的填写要规范化；内容填写要求完整、准确、及时、无漏项和未尽事项；记录应真实反映工程实际情况；具有永久和长期保存价值的记录必须完整、准确和系统。

4) 及时性

施工记录是对安装工程施工情况的真实反映，因此要求记录必须按照施工进度及时收集、整理。

5) 规范化

A. 施工记录中的工程名称、施工部位、施工单位应按总承包单位统一规定填写；

B. 施工记录的编号应按项目管理要求执行；

C. 施工记录封面、目录、装帧使用统一规格、形式；

D. 纸质载体记录使用复印纸幅面尺寸，宜为 A4 幅面（297mm×210mm）；

E. 记录内容打印输出，打印效果要清晰；

F. 手写部分使用黑色钢笔或签字笔，不得使用铅笔、圆珠笔或其他颜色的笔；

G. 纸质载体上的签字使用手写签字，不允许盖章和打印。签字者必须是责任人本人。签字要求工整、易认，不得使用艺术签字。

（4）施工记录的形成时间要与施工进程同步，纸质记录可以先记成草稿，日后再形成正式记录，由责任人签字确认，但影像记录必须实时形成。

（5）用表格形成的施工记录，填写时不留空白，如栏内无内容，以斜杠取代，注意时间栏的填写，以保持施工记录的可追溯性。

2. 施工记录与施工规范、城建档案等的关系

（1）施工记录有两种类型

1）第一种是有法规明确的，还有管理制度中明确的。诚然管理制度不能违反法规的规定，其明确的施工记录更具体化和细化。在市场经济环境下，有由工程承包合同中约定特殊情况下的施工记录。

2）第二种主要在各专业施工规范或管理标准中规定的技术性施工记录，这类记录的内容会随着规范标准的修订而变更，所以更要注意其时效性。

（2）施工记录与城建档案

有些施工记录要归入城建档案，因而其相关质量要求应符合《建筑工程文件归档整理规范》GB/T 503238 的规定。

（3）记录形成后，归档前如何存放，何人保管，应由施工企业的管理制度作出规定。可以是施工员保管存放，在交工验收前移交给资料员整理归档立卷，也可以由资料员保管存放，直至整理归档立卷。总之工程档案的形成是资料员的主要职责。

（二）案例分析

本节以案例形式介绍施工记录在工程建设中的作用及其价值，希望通过学习提高对施工记录重要性的认识和重视程度。

1. 给水排水工程

案例

1）背景

由 A 公司总承包承建的某市城北的一幢综合住宅楼，用户入迁后，发现一楼厕所蹲坑外溢污水，排水管道有砂坑处对外滴漏。为此 A 公司质检部门会同负责该楼给水排水工程施工的分包单位 B 公司与参与作业的作业队长，共同进行查找原因。经查，由该单元通向集污池的干管未与化粪池连通，导致厕所污水外流。又查阅了排水管材进场验收资料及附件，未发现有任何记录，A 公司责成 B 公司限期整改，并对责任人员进行查处。

2）问题

① 排水工程施工试验记录包括哪些内容？

② 既然要有质量验收并形成记录才能交付使用，为什么排水管道未接通，应怎样查明责任人？

③ 材料进场验收属于什么性质的施工记录？

3）分析与解答

① 房屋建筑安装工程中排水是重力流，且排水基本是废水和污水，所以要求排水管道需通畅密闭。判定其是否符合要求，应做灌水试验鉴别其密封程度，做通球试验鉴别其通畅程度。

② 施工质量验收最基础的是检验批质量验收记录，该单元的排水管道肯定未按质量要求做试验，而作假造记录，只要查阅记录就可查到责任人员。记录由施工员填写，监理工程师或建设单位专业技术负责人组织项目专业质量检查人员等进行验收，上述人员均涉及该事件，具有明显的责任。当然记录表中的施工班组长负直接作业责任，而表中其他人员有一定的领导责任。

③ 材料进场验收是重要一环，目的是检验材料的质量和数量是否符合材料采购合同的约定，判定是否由于运输原因发生变异，这个记录应属于预检记录范畴。

2. 建筑电气工程

案例

1）背景

A 公司承建的商场与住宅结合为一体的机电安装工程，由于商场部分尚未确定用户，招标方用初步设计图纸进行招标。中标后施工过程中商场用户明确，并对原设计意图按用户需要做了较大修改。为此 A 公司项目部要求各专业施工员加强对设计变更的管理，竣工验收时由于各项验收记录整理得井井有条，符合管理规定和合同约定，顺利通过验收。

2）问题

① 设计图纸变更记录会体现在哪几种施工记录中？
② A 公司项目部怎样把握施工记录的形成时间？
③ 建筑电气工程有哪些施工试验记录？

3）分析与解答

① 图纸变更的原因可能有三种情况。一是设计单位发现原设计不妥主动提出变更，二是业主或用户依据需要的变化提出变更，三是施工单位发现施工有问题而提出变更。不论何种情况的变更，均必须征得原设计单位的同意，于是设计变更的意图会出现在图纸会审记录、设计变更文件和工程洽商记录中。

② A 公司要把施工记录的形成时间充分考虑到设计变更送达时间和工程形成时间，要有序结合起来。因为设计变更会涉及已完工程的变动，即要拆除改装，不言而喻，里面含有经济补偿问题，即常说的索赔工作问题，这和记录时间直接有关。

③ 与建筑电气工程施工有关的试验记录包括：绝缘电阻测试记录、接地电阻测试记录、变配电设备检查通电满负荷测试记录、电气照明动力系统调试试运行记录等。

3. 通风与空调工程

案例

1）背景

某公司承建 H 城一大型商场的中央空调安装工程。由于建筑结构比较复杂，设计图纸不能完全表达正确的风管及其部件和各种支架的安装位置及具体尺寸，需要由施工单位进行深化设计，经确认后才能施工。同时业主方提出，为节能环保，要求通风和空调工程的调试和使用效果达到预期设想，并为运行维护提供方便。为此项目部把风管制作用草图测绘工作与深化设计结合起来，并在调试方案中做了具体措施，在实施过程的施工记录中真实详尽地得到反映，交工验收时受到业主和用户的好评。

2）问题

① 通风空调工程的制作安装用的草图在施工记录中属于什么性质？

② 通风与空调工程有哪些施工试验记录？

③ 项目部的调试方案怎样满足方便维护要求？

3）分析与解答

① 公司项目部把风管制作草图的测绘与深化设计相互结合起来是值得提倡的一种做法。测绘结果必然会对原设计图纸作出修改，并要征得原设计单位的认可，才能用于施工，所以测绘所得草图在施工记录文件中应属于设计变更类文件。

② 通风与空调工程施工试验类记录有两大类。一类是单体单机的测试试验，如风管的密闭性试验、风机的单机试运行、电动或气动调节阀的单校、冷却水的水泵试运转试验、冷冻机组无负荷试运转等，这类试验结果形成的施工记录是单机（体）试验记录。另一类是整个系统联合调试和试运行试验，试运行又分为空载（无负荷）试运行和有负荷或满负荷试运行，这类试验结果形成的记录统称为系统调试试运行记录。

③ 通风与空调工程的调试和调整目的是把系统的每个出口用户的风量、风速、风压及其温度和湿度等调整到设计预期值或用户满意值，其主要手段是对各类自动或手动的调节阀门（风阀和水阀）达到某一个适当的开度，就可满足要求。因此项目部在调试施工记录上要仔细记录每个调节阀的开度，并在工程实体上做好色标，如用油漆做好标识等。

参 考 文 献

[1] 王清训. 机电工程管理实务（一级第三版）. 北京：中国建筑工业出版社，2011.
[2] 王清训. 机电工程管理实务（二级第三版）. 北京：中国建筑工业出版社，2012.
[3] 闵德仁. 机电设备安装工程项目经理工作手册. 北京：机械工业出版社，2000.
[4] 徐第，孙俊英. 怎样识读建筑电气工程图. 北京：金盾出版社，2005.
[5] 曾乐. 现代焊接技术手册. 上海：上海科学技术出版社，1993.
[6] 全国一级建造师考试用书编委会编. 建设工程项目管理（第二版）. 北京：中国建筑工业出版社，2007.
[7] 全国建筑业企业项目经理培训教材编写委员会编. 施工组织设计与进度管理. 北京：中国建筑工业出版社，2001.
[8] 何焯. 机械设备安装工程. 北京：机械工业出版社，2002.
[9] 张振迎. 建筑设备安装技术与实例. 北京：化学工业出版社，2009.
[10] 建筑专业《职业技能鉴定教材》编审委员会编. 安装起重工（高级、中级、初级），2002.
[11] 建设部人事教育司编. 安装起重工. 北京：中国劳动社会保障出版社，2005.
[12] 何焯. 设备起重吊装工程（便携手册）北京：机械工业出版社，2003.
[13] 杨文柱. 重型设备吊装工艺与计算. 重庆：重庆建筑大学出版社，1978.
[14] 傅慈英. 安装工程施工工艺标准（上、下册）. 杭州：浙江大学出版社，2008.
[15] 郜风涛，赵晨. 建设工程质量管理条例释义. 北京：中国城市出版社，2000.
[16] 全国建筑施工企业项目经理培训教材编写委员会编. 工程项目质量与安全管理. 北京：中国建筑工业出版社，2001.
[17] 李慎安. 法定计量单位速查手册. 北京：中国计量出版社，2001.
[18] 马福军，胡力勤. 安全防范系统工程施工. 北京：机械工业出版社，2012.
[19] 秦柏，刘安业. 建筑工程测量实例教程. 北京：机械工业出版社，2012.
[20] 住房和城乡建设部工程质量安全监管司组织编写. 施工升降机司机. 北京：中国建筑工业出版社，2010.
[21] 住房和城乡建设部工程质量安全监管司组织编写. 施工升降机安装拆卸工. 北京：中国建筑工业出版社，2010.
[22] 国家质量监督检验检疫总局颁. 锅炉压力容器压力管道焊工考试与管理规则，2002.